获奖者参观李四光纪念馆

获奖者在李四光纪念馆与地质力学所领导合影

参加会议的部领导在会前亲切接见了获奖者，并与获奖者合影留念

获奖者参观李四光纪念馆

2015
第十四次李四光地质科学奖获得者

主要科学技术成就与贡献

王小烈　王泽九　马秀兰　王　博　主编

地质出版社
·北　京·

内 容 提 要

本书汇集了第十四次李四光地质科学奖 14 位获奖者的主要科学技术成就与贡献，它不仅反映了获奖者的学术成就、贡献和拼搏精神，也在一定程度上反映了我国地质工作的发展和水平。其内容丰富，可读性强。书中还收录了李四光地质科学奖委员会的有关文献和资料，对于弘扬李四光精神、宣传李四光地质科学奖等均有帮助，可供广大地质工作者阅读参考。

图书在版编目（CIP）数据

第十四次李四光地质科学奖获得者主要科学技术成就与贡献／李四光地质科学奖委员会编．—北京：地质出版社，2017.11
　ISBN 978 - 7 - 116 - 10609 - 3

　Ⅰ．①第…　Ⅱ．①李…　Ⅲ．①地质学-文集　Ⅳ．①P5 - 53

中国版本图书馆 CIP 数据核字（2017）第 259636 号

责任编辑：	田　野　苗永胜
责任校对：	韦海军
出版发行：	地质出版社
社址邮编：	北京海淀区学院路 31 号，100083
电　　话：	（010）66554528（邮购部）；（010）66554631（编辑室）
网　　址：	http://www.gph.com.cn
传　　真：	（010）66554686
印　　刷：	北京地大彩印有限公司
开　　本：	850mm×1168mm $\frac{1}{32}$
印　　张：	7.875　彩图：2 面
字　　数：	220 千字
版　　次：	2017 年 11 月北京第 1 版
印　　次：	2017 年 11 月北京第 1 次印刷
定　　价：	30.00 元
书　　号：	ISBN 978 - 7 - 116 - 10609 - 3

（如对本书有建议或意见，敬请致电本社；如本书有印装问题，本社负责调换）

李 四 光

　　李四光，原名李仲揆，是世界著名的科学家、卓越的地质学家、教育家和社会活动家，我国现代地球科学的开拓者、新中国地质工作的主要奠基人，中国地质学会创始人之一。1889 年 10 月 26 日生于湖北省黄冈县，1971 年 4 月 29 日逝世于北京。

　　1904 年留学日本，学习造船；1905 年参加孙中山领导的中国同盟会，是创始会员之一。1913 年入英国伯明翰大学先学采矿，后学地质学，1918 年获理学硕士学位；1920 年回国任北京大学地质系教授、系主任、校评议委员等，为国家培养了一大批地质人才。1928 年任中央研究院地质研究所所长，组建了我国第一个基础地质研究所。由于发现𧒒科并进行创造性研究，于 1931 年获伯明翰大学理学博士学位。

　　1934 年赴英国讲学，主持伦敦、剑桥等 8 所大学举行的"中国地质学"讲座，其讲稿成为我国第一部独具特色的区域地质学巨著。1947 年获挪威奥斯陆大学荣誉博士学位。1948 年当选为中央研究院院士。

　　1950 年自英国回国，历任全国地质工作计划指导委员会主任委员、中国科学院第一副院长、地质部部长、第一届全国政协委员、第二、三届全国政协副主席、中国地质学会理事长、中国科学技术协会主席、全国地层委员会主任、中国科学院地质研究所所长和古生物研究所所长、中华自然科学专门学会联合会主席、中国第四纪研究委员会主任、中国原子能委员会副主任、地质部地质力学研究所所长、中央地震领导小组组长、中国科学院地震委员会主任等职务。20 世纪 50 年代中期，还担任世界科学工作者协会执行委员会副主席。1955 年被聘为中国科学院学部委员，1958 年当选为苏联科学院外籍院士，1969 年当选中国共产党第九届中央委员会委员。

李四光毕生致力于地球科学事业。他勤奋好学，博览群书，学识渊博，注重实践，悉心钻研，勇于创新，写下了数百万言140余篇（部）科学论著，为发展地球科学和服务于国民经济建设、环境治理等方面，做了许多开创性的工作，并在多方面做出了巨大贡献：他创建的地质力学，提出了构造体系新概念，为研究地壳构造和地壳运动、地质工作开辟了新途径；他关于古生物䗴科化石的分类标准与鉴定方法，一直沿用至今，为微体古生物研究开辟了新途径；他建立的中国第四纪冰川学，为第四纪地质研究，特别是地层划分、气候演变、环境治理和资源勘查等开拓了新思路；他始终不渝地将自己的聪明才智献给祖国和人民：为了解决经济建设中能源紧缺问题，他运用自己创建的地质力学理论和方法，不但提出陆相能够生油，且可以形成大油气田的理论，而且还提出符合我国实际的找油指导思想。组织和指导石油地质工作，在分析中国地质构造特点的基础上，指出新华夏构造体系三个沉降带具有广阔的找油远景，50年代初就提出华北平原和松辽平原的"摸底"工作值得进行，为大庆、胜利、大港等我国东部一系列大油田的勘探与发现，为摘掉我国"贫油"的帽子和石油工业的发展做出了重大贡献；他指导铀等放射性矿产勘查取得突破性进展，为发展我国核工业和"两弹一星"做出了重要贡献；他70岁高龄还积极推进了我国地热资源的开发利用；1966年3月8日邢台发生地震后，在人民的生命财产受到极大威胁的关键时刻，他及时提出"地震地质"新概念，研究地震发生、发展的规律，并提出地震是可以预测预报的，关键在于要进行研究、探索，而且提出以地应力测量和现今构造应力场分析等为主地震预测方法，他还把这些理论和方法应用于区域地壳稳定性研究，提出"安全岛"理论，在地壳活动带中寻找"安全岛"，以及各种灾害的预测与防治等。他直到临终，还念念不忘发展地球科学、国家建设和人民的安危，被誉为新中国爱国知识分子的典范和楷模。

全国国土资源管理系统先进集体和先进工作者表彰暨第十四次李四光地质科学奖颁奖大会召开

2015年12月26日，全国国土资源管理系统先进集体和先进工作者表彰暨第十四次李四光地质科学奖颁奖大会在北京人民大会堂举行。国土资源部部长、党组书记、国家土地总督察姜大明出席会议并讲话。国土资源部党组成员、副部长、国家土地副总督察张德霖主持颁奖大会。人力资源社会保障部副部长、国家公务员局局长信长星宣读《关于表彰全国国土资源管理系统先进集体和先进工作者的决定》。李四光地质科学奖委员会副主任马永生院士宣读《关于颁发第十四次李四光地质科学奖的决定》。

国土资源部部长姜大明表示，当前，土地、能源、资源约束日益加剧，必须依靠科技创新打破瓶颈制约，实现新旧动力转换。国土资源系统要大力弘扬李四光精神，继承前辈坚持真理的科学品格、强烈执着的创新意识、严谨求实的工作作风，紧紧抓住科技创新这个"牛鼻子",在勘查、开发、保护中求创新,在实施重大项目中促创新,通过完善体制机制保障创新。

　　姜大明强调,要在三个方面学习和弘扬先进:一要在以创新、协调、绿色、开放、共享理念引领国土资源改革发展上下功夫、见实效;二要在传承李四光精神、推动科技创新上抓机遇、求突破;三要在加强作风建设、锻炼干部队伍上提素质、树形象。

　　人民日报、新华社、中央电视台、光明日报、科技日报、国土资源报等多家新闻媒体对表彰大会进行了报道。

目　录

在李四光地质科学奖第八届委员会暨李四光地质科学奖基金会第三届理事会上的讲话

姜大明

(2015 年 5 月 11 日，根据记录整理)

各位委员、理事、监事：

同志们，今天我们表决通过了新一届委员会和理事会组织机构，讨论通过了上一届委员会暨理事会工作报告和新一届委员会暨理事会 2015 年度工作要点，研究了第十四次李四光地质科学奖评奖颁奖的相关事项，特别是对评奖工作提了很多好的建议。总的看，这次会议安排紧凑、内容丰富、务实高效，开的很好。这里，我再讲两点意见。

一、上一届委员会和理事会的工作卓有成效

过去四年来，各位委员、理事、监事及各单位，认真履职尽责、探索创新、主动作为，做了大量卓有成效的工作，为弘扬李四光精神、推动地质事业健康发展做出了积极贡献。四年来，开展了两次李四光地质科学奖评奖颁奖活动，评选出 29 位获奖者，充分发挥了地质科学奖在地质科技创新、地质人才培养等方面的激励引导作用；组织开展了形式多样的宣传和科普活动，进一步弘扬了李四光求实创新的科学精神和爱国主义精神；注重自身建设，管理机构和制度不断健全，基金管理进一步规范、实现了保值增值。这些成绩的取得，实属不易，是同志们共同努力的结果。借此机会，我代表国土资源部党组，代表新一届李四光地质

科学奖委员会、理事会，向上届委员会和理事会的寿嘉华副主任、贾承造、蔡希源副理事长，以及全体委员、理事、监事表示衷心的感谢！特别是王泽九同志，他是李四光地质科学奖的发起人之一，自1989年成立李四光地质科学奖至今20多年，坚持不懈、始终如一，在推动李四光地质科学奖的发展壮大中花费了大量精力，做出了重要贡献。在此，我们向他表示崇高的敬意！

二、新一届委员会和理事会要履职尽责开拓创新做好工作

今天，新一届委员会和理事会正式组成了。未来四年的工作落在我们肩上，我们要认真学习和严格执行《李四光地质科学奖章程》和《李四光地质科学奖基金会章程》，切实履行章程赋予的权利义务。

刚才我们讲，章程已经制定了6年，现在情况发生了很大变化，在工作中遇到很多问题，比如第十三次李四光地质科学奖评选会我参加了，没有评满很可惜，能不能在两位同志中再评一次，建议下一次专门开一次章程修改会议，要对《章程》进行修改完善，要让《章程》成为我们工作的指引和框架。

会议对2015年工作要点，大家都提出了建议，原则同意，今年的颁评奖要与李四光纪念馆开馆结合起来，作为一项议题，进一步扩大影响。

下面，就抓好贯彻落实，我再强调几点。

一是要大力推动地质科技创新。由于世界经济复苏缓慢，我国经济发展进入新常态，对矿产资源的需求持续下降，矿产勘查市场遇冷。我国地质勘查投入已经连续两年负增长。2015年是地质找矿突破战略行动第二阶段5年目标年，也是全面实现第三阶段目标的关键之年。地质工作要克服全球矿业低迷和国内矿产勘查投入连续下滑带来的各种困难，推动地质找矿取得重大突破，必须更加注重依靠地质科技创新。今年下半年，部里要召开国土资源系统科技创新大会，目前，国家科技体制创新意见已经出台，要做好科技体制的创新和产学研相结合。我觉得，李四光地质科学奖是推动地质工作创新的一个重要平台。我们一定要把这个平台用好用足，充分发挥平台作用，充分调动各方力量和积极性，使地质科技创新蔚然成风。

二是要组织好第十四次李四光地质科学奖的评奖工作。李四光地质科学奖两年一评，今年是评奖年，评好这个奖可谓是我们今年工作的重中之重，我们必须高度重视，全力做好。这次会议后，请地质科学奖委员会办公室会同部有关方面，抓紧启动评奖相关工作。也希望委员会和基金会的全体同志，坚持高标准、严要求，认真评选，让德才兼备的杰出人才脱颖而出，要确保评奖结果经得起群众的检验、经得起历史的考验。要通过评奖和颁奖，进一步在全社会掀起学习和弘扬李四光精神的热潮，特别是鼓励青年地质者献身地质事业。

三是要加强基金的管理和运作。充足的资金是我们做好工作的重要保障。要不断创新筹资方式，加大筹资力度。要在确保资金安全的前提下，积极探索资本运作模式，不断拓宽投融资渠道，最大限度增加基金的增值收益。委员会和理事会要充分发挥监管职能，确保资金依法规范管理和公开透明使用。在这些方面，我看工作比较好，现在奖金主要用于奖励，开支比较明确，如果本金不够，可以提出建议。

四是要注重自身建设。要适应国家对社会组织管理工作的新要求，进一步加强自身组织和制度建设，不断提升管理水平，要有严谨的工作作风和态度，推动工作再上新台阶，让李四光地质科学奖始终成为行业发展的风向标。今年中央部署开展了"三严三实"（即严以修身、严以用权、严以律己，谋事要实、创业要实、做人要实）专题教育，不久部将召开会议进行动员部署。各位委员、理事、监事，既是地质行业的专家，又是各个单位的领导，也承担很多社会工作，希望大家在"三严三实"上作表率，在弘扬李四光精神上作表率，把李四光精神作为推动行业发展的旗帜，充分发挥专业特长和行业代表的作用，共同把委员会和理事会的各项工作做好。秘书处要搞好服务协调，发挥好枢纽作用，要把科技奖作为人才培养、科技发展的风向标，沿着正确方向前进。

在全国国土资源管理先进集体和先进工作者表彰暨第十四次李四光地质科学颁奖大会上的讲话

姜大明

（2015 年 12 月 26 日，根据记录整理）

同志们：

今天，我们在这里隆重表彰全国国土资源管理系统先进集体、先进工作者，颁发第十四次李四光地质科学奖。刚才，人力资源社会保障部副部长、国家公务员局局长信长星同志宣读了《关于表彰全国国土资源管理系统先进集体和先进工作者的决定》，李四光地质科学奖委员会副主任马永生院士宣读了《关于颁发第十四次李四光地质科学奖的决定》。任静、水生涛、王来明三位同志分别代表先进集体、先进个人和李四光地质科学奖获奖者发言，他们的事迹生动实在，令人感奋。首先，我代表国土资源部，向受到表彰的先进集体和先进工作者、向获得李四光地质科学奖的同志们表示热烈祝贺和崇高敬意！

会前，中共中央政治局常委、国务院副总理张高丽同志做出重要批示，对国土资源工作予以肯定，向受到表彰的单位和个人表示祝贺，对进一步做好新常态下国土资源工作提出了明确要求。张高丽副总理的重要批示，充分体现了党中央、国务院对国土资源工作的高度重视，对国土资源系统广大干部职工和地质工作者的关心厚爱，将激励我们不辱使命、扎实工作、开拓进取、奋力前行。

"十二五"时期特别是党的十八大以来，面对错综复杂的国际环境和艰巨繁重的国内改革发展稳定任务，以习近平同志为核心的党中央团结带领全国各族人民奋力开创党和国家事业发展新局面，我国经济实力、科技实力、国防实力、国际影响力明显增强，综合国力迈上一个大台阶，"十二五"规划即将胜利收官。在这一伟大进程中，国土资源工作得到了党中央、国务院的高度重视。党的十八大以来，习近平总书记、李克强总理等中央领导同志多次对国土资源工作做出系统阐述和重要指示批示，提出了一系列新思想、新论断、新要求，为我们在新时期做好国土资源工作指明了方向。全国国土资源系统坚决贯彻落实党中央、国务院决策部署，确立了"尽职尽责保护国土资源、节约集约利用国土资源、尽心尽力维护群众权益"的工作定位，全力服务"稳增长、促改革、调结构、惠民生、防风险"工作大局，国土资源保护力度不断加大，有效保障了国家粮食安全和能源资源安全；资源节约集约利用扎实推进，资源利用方式转变促进了经济发展方式转变；维护群众权益日益强化，人民群众在国土资源领域改革中有了更多获得感；地质科技成果丰硕，找矿突破战略行动在克服重重困难中扎实推进，为经济社会发展提供了有力的资源保障。

　　在这一进程中，国土资源系统和地质战线的同志们忠于职守、勤奋工作、脚踏实地、开拓创新，在取得显著成就的同时，涌现出一大批先进集体和先进个人。今天受到表彰的就是其中的优秀代表，你们为全系统干部职工树立了榜样，大家都要向你们学习！

　　在你们身上，集中体现了心系群众、恪尽职守的奉献精神。同志们大多来自基层，长期工作在国土资源第一线。落实党中央国务院决策部署、服务广大人民群众，最终都要靠大家。受到表彰的同志，有的30年如一日，扎根基层国土所，走村入户、访贫问苦，急群众所急、办群众之所需，赢得了老百姓的信任和爱戴；有的工作在服务窗口，立足平凡岗位，业务精益求精，每天经手近百本证照，无一差错，无一投诉，辛苦了自己，方便了群众。有的拖着病体、忍着伤痛，长期坚持野外找矿，把人生奉献给祖国的地质勘查事业。

在你们身上，集中体现了勇挑重担、攻坚克难的担当精神。在近年来我国发生一系列地震和各种地质灾害时，我们的同志总是第一时间赶到现场，第一时间进行遥感航测，开展灾情调查，为抢险救援、防范次生灾害和灾后恢复重建提供第一手资料，得到了各级领导和有关方面的充分肯定。有的同志不顾个人安危，战胜艰难险阻，成功保护了人民群众的生命财产安全，被誉为"群众生命的保护神"。有的同志坚持依法行政，严格督察执法，面对冷言冷语、恫吓威胁，敢于坚持原则，绝不徇私枉法，严厉打击乱占滥用耕地和乱采滥挖矿产资源的行为，有的同志用生命捍卫了法律尊严和人民利益，有力维护了国土资源管理秩序。

在你们身上，集中体现了锐意改革、奋力开拓的进取精神。同志们主动适应经济发展新常态，简政放权、放管结合、优化服务，千方百计加快审批进度，提高工作效率，出色地保证了稳增长重大项目落地。在国际大宗商品价格腰斩、地质勘查投入持续下降的严峻形势下，地勘战线的同志坚持推进找矿突破战略行动，新发现一批大中型矿产地，石油、天然气、页岩气、可燃冰、铀、锂等重要矿种储量实现较大幅度增长，扩大了国家战略资源储备。在同志们努力下，不动产统一登记、农村土地制度改革、矿产资源勘探开发体制改革、自然资源管理体制改革也都取得了新的进展。

在你们身上，集中体现了献身科学、勇攀高峰的创新精神。以李四光地质科学奖获奖者为代表的科研战线的同志们，以经济社会发展需求为导向，努力破解能源资源重大科技难题，在多个领域取得了新的突破，推动了地质科学事业发展。有的同志为了探求科学真理，把国家的需求扛在肩上，把小家的柔情抛在身后，长年累月奔波在野外，去别人没有去过的地方，走别人没有走过的路。有的同志屡败屡战、愈挫愈奋，坚韧不拔地探索地质科学规律，最终取得了科学研究重要成果。有的同志几十年如一日，伏案累牍，潜心治学，淡泊名利，教书育人，为地质教育和学科建设做出了突出贡献。

正是这种精神，使我们在稳增长中有力地发挥了国土资源的支撑保障作用；正是这种精神，使我们在战胜重大地质灾害中经受住各种严峻考验；正是这种精神，使我们在解决重点、难点问题中提高了能力，升华了境界。事实充分证明，国土资源管理队伍是一支政治素质高、业务能力强、工作作风硬的队伍，是一支特别能吃苦、特别能战斗、特别能奉献的队伍。在此，我代表国土资源部，向为"十二五"时期国土资源工作做出重要贡献的先进集体和先进个人，向全国国土资源系统的广大干部职工和地质工作者表示衷心感谢和诚挚问候！

同志们！党的十八届五中全会吹响了全面建成小康社会决胜阶段的"集结号"，描绘出国家发展的新蓝图。全会鲜明地提出"创新、协调、绿色、开放、共享"的发展理念，明确了今后五年乃至更长时期我国的发展思路、发展方向和发展着力点。用五大理念引领发展，是关系我国发展全局的一场深刻变革。国土资源是生产、生活、生态之本，支撑各行各业，关系千家万户，影响千秋万代，国土资源管理工作任务艰巨，使命光荣。我们要深入贯彻落实党的十八届三中、四中、五中全会精神，深刻认识全面建成小康社会决胜阶段面临的形势，以先进模范为榜样，出色完成"十三五"时期各项任务。

学习和弘扬先进，要在以创新、协调、绿色、开放、共享理念引领国土资源改革发展上下功夫、见实效。

要以创新理念增强国土资源事业发展新动力。创新完善国土资源宏观管理，加快行政审批制度改革。实行建设用地总量与强度双控行动，建立矿产资源风险识别和预警机制。建立耕地保护补偿机制，完善耕地占补平衡制度，探索实行耕地轮作休耕制度试点。创新土地规划计划管理，完善土地有偿使用制度，稳妥推进农村土地制度改革。加快油气勘查开采体制改革，完善地质找矿新机制。加快建立不动产统一登记制度体系。健全自然资源资产产权和用途管制制度。

要以协调理念构建国土资源保护开发新格局。完善国土空间规划体系，编制实施全国及区域性国土规划。优化国土资源开发利用布局，科学合理开发利用土地、矿产、海洋资源。推动城乡区域协调发展，促进京津冀协同发展和长江经济带建设，推进以人为本的新型城镇化。推动陆海统筹发展，拓展蓝色经济空间。

要以绿色理念开辟国土资源永续利用新途径。树立节约集约循环利用的资源观，全面节约和高效利用资源。开展国土资源环境承载力评价与监测预警，实施国土空间用途管制。严守耕地红线，全面划定永久基本农田，大力推进土地整治和高标准农田建设。严控城乡建设用地规模，优化用地结构，提高节约集约用地水平。强化重要矿产资源保护，建立重要矿产地战略储备，严格规范矿产勘查开发秩序。加快推进绿色矿山建设，开展矿山地质环境保护与治理恢复，提升矿产资源节约和综合利用水平。

要以开放理念拓展国土资源合作发展新空间。深入推进矿产资源领域国际合作，欢迎外资企业到中国投资勘查开发矿产资源，鼓励中国企业到境外合作开展矿业投资。全面推进"一带一路"沿线国家地质调查和矿业合作。拓宽土地调查、规划、整治、集约利用等方面的国际交流合作。加强与周边国家海洋资源合作开发。搭建国土资源科技国际合作平台。

要以共享理念实现国土资源惠民利民新成效。完善土地、矿产资源收益分配机制。加大国土资源政策措施支持脱贫攻坚力度。加强公益性地质调查服务。加强地质灾害与海洋灾害防治。开展国土测绘和信息化建设，促进地理信息产业加快发展。完善法律法规，强化督察执法，提高国土资源依法行政能力。

学习和弘扬先进，要在传承李四光精神、推动科技创新上抓机遇、求突破。

要充分发挥科技创新对国土资源改革发展的引领作用。当前，土地、能源、资源约束日益加剧，必须依靠科技创新打破瓶颈制约，实现新旧动力转换。国土资源系统和地质战线的同志们要大力弘扬李四光精神，继承前辈坚持真理的科学品格、强烈执着的创新意识、严谨求实的工作作风，紧紧抓住科技创新这个"牛鼻子"，在勘查、开发、保护中求创新，在实施重大项目中促创新，通过完善体制机制保障创新。

要实现国土资源科学技术重点领域新突破。深刻理解和把握颠覆性创新给国土资源科技发展带来的机遇和挑战，把破解能源资源重大科技难题作为主攻方向，想别人所未想，做别人所未做，促进科技创新与国土资源实际工作深度融合。围绕资源保护、节约利用、地灾防治、生态修复和环境治理，加大调查评价、监测预警和科技创新力度。运用科学方法提高资源综合利用水平，在全面节约和高效利用资源上取得突破。积极推动自然资源与能源安全国家实验室建设，开展基础性、战略性、前沿性和共性关键技术研究，为国土资源改革发展提供强有力支撑。

要营造有利于促进国土资源科技发展的良好环境。坚持在实践中发现人才、吸引人才、培养人才、凝聚人才，形成具有竞争力的国土资源科技人才成长机制，打造一支素质优良、结构合理、善于创新的高水平国土资源科技队伍。加快国土资源科技体制改革，推动科研院所和地勘单位一体发展。打破限制人才流动的各种壁垒，充分释放人才、资本、信息、技术等创新要素活力。完善科技成果转化激励政策，充分调动科技人员的积极性、主动性和创造性。

学习和弘扬先进，要在加强作风建设、锻炼干部队伍上提素质、树形象。

要努力践行"三严三实"作风。加强党性锻炼，坚定理想信念，坚守共产党人的精神家园；坚持实干担当，勇于面对新常态下国土资源工作出现的新情况，着力破解制约国土资源改革发展的重点难点问题；坚持依法行政，正确用权、谨慎用权、干净用权，做到党纪红线不触碰、法律底线不逾越。

要努力提高干事创业能力。观大势、谋大事、懂全局、管本行，把党中央国务院重大决策部署和国土资源工作实际紧密结合，提高立足全局谋划工作的能力。要发扬"钉钉子"精神，扭住重点工作，善始善终、善作善成，提高抓好落实的能力。要坚持问题导向，尊重基层首创，总结新鲜经验、加强分类指导，提高解决实际问题的能力。

要努力做到清正廉洁。持之以恒抓好中央八项规定落实，深入学习贯彻党章和新修订的《准则》、《条例》两部党内法规，把政治纪律和政治规矩挺在前面，运用好监督执纪的"四种形态"，使正风肃纪、高压反腐永远在路上。强化各级党组织管党治党、从严治党的责任，落实党风廉政建设主体责任和监督责任，层层传导压力，着力构建不敢腐、不能腐、不想腐的体制机制，坚决遏制土地出让、矿产开发领域腐败案件易发多发势头。

同志们！让我们紧密团结在以习近平同志为核心的党中央周围，学习先进，争当先进，努力开创"十三五"时期国土资源事业改革发展新局面，为全面建成小康社会、实现中华民族伟大复兴中国梦做出新的更大贡献！

关于颁发第十四次李四光地质科学奖的决定

　　为纪念我国著名的科学家、教育家、社会活动家和卓越的地质学家李四光先生对我国科学、教育和地质事业做出的巨大贡献，发扬他勇攀科学高峰、始终从国家经济社会发展需要出发，积极参加科学、技术和教育实践，以及不断开拓创新的精神，鼓励广大地质工作者围绕国家需求，积极推动科技创新，为实现找矿突破、生态文明建设多做贡献，为全面建成小康社会，实现中华民族伟大复兴"中国梦"而奋斗，推进我国地质事业的持续发展，根据《李四光地质科学奖章程》的有关规定，经李四光地质科学奖委员会八届三次会议暨基金会三届三次会议终评决定，授予付锁堂等14人李四光地质科学奖，并颁发证书、奖章、奖金。

李四光地质科学奖野外地质工作者奖获得者

　　付锁堂　中国石油青海油田分公司教授级高级工程师

　　郝蜀民　中国石化华北分公司教授级高级工程师

　　王振峰　中海油湛江分公司教授级高级工程师

　　王来明　山东省地质调查院教授级高级工程师

　　燕长海　河南省地质调查院教授级高级工程师

　　刘鸿飞　西藏自治区地质调查院高级工程师

　　范立民　陕西省地质环境监测总站教授级高级工程师

　　潘　彤　青海省地质矿产勘查开发局教授级高级工程师

李四光地质科学奖地质科技研究者奖获得者

　　沈树忠　中国科学院南京地质古生物研究所研究员

　　潘桂棠　中国地质调查局成都地质调查中心研究员

侯增谦　中国地质科学院地质研究所研究员
蒋少涌　中国地质大学（武汉）教授
李四光地质科学奖地质教师奖获得者
彭建兵　长安大学教授
赖绍聪　西北大学教授

李四光地质科学奖委员会　李四光地质科学奖基金会
2015 年 9 月 26 日

点燃新时期"地质之光"

王来明

山东省地质调查院教授级高级工程师

尊敬的姜大明部长，各位领导，各位专家，同志们：

大家好！

我叫王来明，来自山东省地质调查院。我发言的题目是《点燃新时期"地质之光"》。

首先，请允许我代表获得第十四次李四光地质科学奖的14位获奖者，对领导、专家和同志们的关心、鼓励表示衷心的感谢！

当年，我们选择了艰苦而光荣的地质工作，怀着青春的梦想和激情，到祖国最需要的地方去，到最艰苦的地方去。我们以献身地质事业为荣，以找矿立功为荣，以艰苦奋斗为荣，高唱着《勘探队员之歌》，抱着"为祖国寻找出富饶的矿藏"的坚定信念；我们的足迹踏遍大江南北、崇山峻岭、戈壁沙漠、雪域高原，把汗水洒在了祖国的美丽山川，把青春和智慧奉献给了地质事业，也在各自平凡的岗位上做出了应有的贡献。今天，能获得李四光地质科学奖，我们感到无比的光荣和自豪。

大学毕业36年来，我一直从事着自己所最钟爱的地质事业，先后主持1∶20万和1∶5万区域地质调查21幅，主持1∶5万地球化学调查和1∶25万生态地球化学调查12幅，主持山东省区域地质志和山东省矿产资源潜力评价项目，主持矿产资源勘查、地质科学研究、地质勘查规划、综合研究等项目二十余项，取得了一批重要地质成果。其中，由我主持的1∶20万和1∶5

万基础地质调查，建立了胶东地区前寒武纪地质构造格架，使胶东地区前寒武纪研究取得了突破性进展；国土资源部与山东省人民政府合作开展的"山东省黄河下游流域生态地球化学调查"项目，开创了山东省生态地球化学调查的先河，首次从地质学、地球化学入手，研究和揭示了地质、地球化学与农业科学、生态学、环境学、人类健康的关系，把地质学、地球化学应用于农业结构调整、农产品安全、环境保护等方面，为经济社会发展做出了重要贡献；山东省矿产资源潜力评价工作，编制了首张全省大地构造相图，对全省煤、铁、金、银、铜、铅、锌等23个重要矿种进行了资源潜力预测，共圈定预测区1124个，首次定区段、定深度、定量预测了各矿种资源量，为矿产资源勘查提供了重要依据，在找矿突破战略行动、危机矿山找矿、矿产资源勘查部署等方面发挥了重要的指导作用。

我热爱地质工作，甘愿把汗水挥洒在山野之间，甘愿用脚步证明对这片土地的热爱，渴望让梦想在地质野外一线绽放绚烂的光辉。1999年，山东省国土资源厅安排我组建山东省地质调查院，当时只有我一个人。在一无人员、二无场所、三无经费的困难条件下，我本着对地质工作的热爱，克服重重困难，全身心投入到地质调查院的建设中，并谢绝了到省国土资源厅任总工程师的安排。经过近十年的努力，终于组建了一支省内领先、国内一流的地质调查队伍，并带领这支队伍承担了国家和山东省重大的基础性、公益性地质调查项目，为山东经济和社会发展做出了贡献。

李四光地质科学奖是面向全国地质工作者、最高层次的地质科学奖，是我们每个地质工作者毕生的梦想。获得这个奖，既是党和国家对我们的巨大关怀，也是对我们的鼓励和鞭策，更是我们从事地质工作的一个新的起点。我们一定会再接再厉，奋发向上，继续发扬李四光等老一辈地质科学家的优秀品质，承担起新时期地质工作的重任，点燃新时期"地质之光"。

一是认真学习李四光先生热爱祖国、无私奉献的崇高品德，始终以国家利益为重、以民族大业为重，淡泊名利，不计得失，勤勤恳恳，无私奉献，立足于自身的工作岗位，把一生献给钟爱的地质事业，为社会主义现代化建设奉献自己的力量。二是自觉传承李四光等老一辈地质工作者艰苦奋斗的优良传统，不怕流血流汗，不畏艰难险阻，扎实做好每一项工作，获取第一手野外地质资料，为地质研究打好坚实的基础。三是学习李四光先生求实创新的科学作风，积极开展地质理论创新和技术创新，解放思想，积极探索，把地质科学与高新技术相融合，建立地质科学新理论、新技术和新方法，创立与完善适合我国国情的现代地质科学理论体系，提高我国地质调查、地质科学研究和地质教育水平。在今后的工作中，我们会继续以满腔的热情投身地质事业，为国家繁荣昌盛做出地质工作者应有的贡献。

谢谢大家！

李四光地质科学奖

野外地质工作者奖获得者

付锁堂

小　传

付锁堂，中国石油青海油田教授级高级工程师，中共党员，1962年2月出生，男，甘肃天水人。1989年毕业于西北大学；1999年毕业于西南石油学院矿产普查与勘探专业，获工学硕士学位；2004年毕业于成都理工大学古生物学与地层学专业，获理学博士学位；2010年11月，西北大学地质资源与地质工程博士后科研流动站出站。

1981年7月至1983年6月任长庆石油勘探局钻井二处1802钻井队技术员；1983年7月至1994年12月任长庆石油勘探局勘探开发研究院技术员、储量室副主任、主任；1995年1月至1999年10月任长庆石油勘探局勘探部副主任；1999年11月至2001年12月任长庆油田勘探公司副经理兼天然气勘探项目部经理，组织发现了苏里格大气田；2002年1月至2005年8月任长庆油田勘探部经理，组织发现了宁县-合水油田，探明了西峰油田；2005年9月至2007年4月任长庆油田勘探开发研究院院长，参与发现了姬塬、白豹、合水油田；2007年5月至2014年4月任青海油田公司总地质师、教授级高级工程师，负责油田勘探工作，创建高原改造型咸化湖盆油气地质理论，发现了昆北、英东、东坪三个大型油（气）田和扎哈泉、英西两个亿吨级储量区；2014 年 5 月至今任青海油田公司总经理、青海石油管理局局长，2015 年 7 月至今兼任青海油田公司党委书记。

30 余年勘探生涯中，付锁堂现场组织中石油重大专项 2 项，出版著作 7 部，发表论文 40 余篇。是 AAPG 会员、SPE 会员、中国石油学会理事、中国石油学会石油地质专业委员会委员、青海省石油学会理事长，担任《古地理学报》、《石油勘探与开发》、《海相油气地质》、《岩性油气藏》、《新疆石油地质》、《天然气地球科学》编委。获国家级科技进步一等奖 2 项（R5、R7），省部级科技进步特等奖 1 项（R5）、一等奖 13 项（4 项 R1、6 项 R2、2 项 R4、1 项 R6）、二等奖 12 项，发明专利 2 项。获"全国五一劳动奖章"、"国家西气东输工程建设先进个人"、"陕西省有突出贡献专家"和中石油"科技管理先进工作者"、"勘探项目管理先进工作者"等荣誉称号。主持的"柴达木盆地昆北断阶带勘探与发现"被评为中国地质学会 2012 年度十大地质找矿成果。

主要科学技术成就与贡献

付锁堂同志是专家型、学者型管理人才。对党忠诚，甘于奉献，扎根西部高原，致力石油事业，在油气勘探开发方面做出了积极贡献；理论知识丰富，业务素质高，注重联系实际，善于开拓创新，在专业领域取得了丰硕成果；工作踏实认真、任劳任怨，生活节俭务实、平易近人，在油田具有较高的个人威信；综合素质高，统筹能力强，注重科学，讲究方法，在领导岗位上有丰富的管理经验和高超的领导艺术。相继获得全国五一劳动奖章、陕西省有突出贡献专家、中石油先进科技工作者、中石油勘探项目管理先进工作者、长庆油田劳动模范等众多荣誉称号。

他先后在鄂尔多斯和柴达木两大盆地从事油气勘探科研、生产和管理工作 30 余年，攻克了一系列长期制约油气勘探开发的"瓶颈"，为长庆油田储量产量快速增长和青海油田快速发展作出了重要贡献。在长庆油田期间，他立足岗位，系统研究鄂尔多斯盆地下古生界、上古生界和中生界三大主力层系沉积、储层和油气分布规律，组织、参与发现了苏里格、榆林、米脂气田及姬塬、华庆油田，探明了靖边、乌审旗气田，累计探明油气储量超 20 亿吨，为"西部大庆"如期建成发挥了重要作用。在青海油田期间，他带领广大青海石油人狠抓油气勘探，积极推动思想解放，大胆实施管理创新，持续进行基础地质和石油地质理论创新，相继发现昆北、英东、东坪、扎哈泉和英西五个亿吨级油气储量区，扭转了青海油田长达 30 年的勘探被动局面，夯实了建成千万吨高原油气田的资源基础，7 年累计新增三级油气地质储量当量 12.69 亿吨；他带领广大青海石油人狠抓油气生产，油气产量持续攀升，原油产量从 2010 年的 186 万吨上升到 223 万吨、天然气产量从 56 亿立方米上升到 68.89 亿立方米，增幅分别为 19.9%、23%；全油田自然递减率为 13%、综合递减率为 8% 以内；他带领广大青海石油人开源节流降本增效，经营效益持续向好，"十二五"期间，青海油田年均投资资本回报率为 19.86%，实现收入 1500 亿元，上缴利税 580 亿元，连续 21 年成为青海省财政支柱企业和第一利税大户，经营业绩跻身中石油集团 A 类企业前列。

主要成就和贡献主要体现在以下几个方面。

一、首次发现厚层石英砂岩优质储层，构建下石盒子组高建设性辫状河三角洲及山西组海相滨岸砂坝沉积模式，揭示"广覆型生烃、全盆地富砂、大面积聚集、多层系含气"的天然气分布规律，组织发现了苏里格大气田

1989 年陕参 1、榆 3 井在奥陶系马家沟组获高产工业气流，发现当时我国最大的海相碳酸盐岩气田——靖边气田后，天然气

勘探长达十年没有大的突破。1999年任长庆油田天然气勘探项目部经理后，付锁堂凭着过硬的理论功底和敏锐的洞察力，依据乌审旗、子洲气田线索，积极开展上古生界沉积、储层和成藏规律研究，迅速确定了上古生界天然气勘探领域，拉开了鄂尔多斯盆地天然气勘探大突破的序幕。

（1）确定上古生界煤系烃源岩，首次明确苏里格地区具备"双源供烃"条件，是油气运移长期指向区。根据单体碳同位素研究，明确上古生界气源岩为二叠系太原组和山西组海陆交互相含煤层系。苏里格处于东部广覆式生烃中心和西缘乌达生气中心之间，双源供烃，气源条件充足。特别是西侧苏里格庙地区煤层厚10米以上，生烃强度大于20亿立方米/平方千米，且晚侏罗世到早白垩世长期处于油气有利运移方向，是寻找大气田的有利目标。

（2）首次在鄂尔多斯盆地发现厚层石英砂岩优质储层。付锁堂作为天然气勘探项目部经理，敏锐发现了苏2井石英砂岩的巨大价值，及时开展储层地质学研究，发现区域上盒8段广泛发育粗粒石英砂岩，石英含量普遍达到80%以上，以中粗粒、粗粒为主，分选呈次圆到次棱角状，为再生孔隙式胶结。铸体薄片分析表明，储集空间以次生溶孔、胶结物晶间孔为主，残余粒间孔和杂基内微孔等原生孔隙居于次要地位。孔隙度平均为10%～13%，渗透率可达62.7毫达西❶，具有相对高孔高渗的特点，是鄂尔多斯上古生界物性最好的储层。粗粒石英砂岩优质储层的发现，坚定了苏里格地区寻找大气田的信心。

（3）首次构建下石盒子组高建设性辫状河三角洲及山西组海相滨岸砂坝沉积模式，明确储层分布规律。通过410口钻井资料，对盆地上古生界沉积体系进行详细研究，建立以米脂、靖边、苏里格和石嘴山四大河流三角洲体系为核心的盆地北部基本沉积格架，首次构建了下石盒子组高建设性辫状河三角洲及山西

---

❶　1毫达西 = 10^{-3} 平方微米

组海相滨岸砂坝沉积模式。全盆地划分出两个继承性海相三角洲沉积体系和五个继承性陆相三角洲沉积体系，明确了两类三角洲沉积体系在发育背景、砂体类型等方面的差异，指出山西期和下石盒子期北部及西北部三角洲沉积体系复合叠加更为突出，三角洲平原及三角洲前缘水下分流河道沉积砂体最为发育，砂岩厚度大、粒度粗、分布面积广、储集性能好。特别是苏里格地区盒8段发育南北长150千米、东西宽45千米、厚度大于10米的优质砂体达到4000平方千米，是上古生界天然气勘探的主要目标。

（4）首次提出鄂尔多斯盆地上古生界"广覆型生烃、全盆地富砂、大面积聚集、多层系含气"的天然气分布规律，高效发现上古生界煤型气大气田群。在鄂尔多斯盆地上古生界划分出四大类十二亚类二十七种油气圈闭，预测了圈闭模式和天然气成藏序列，指明了大型整装气田的勘探领域和方向。根据河流-三角洲成藏理论，明确了广覆型展布的上古生界气源岩和河流三角洲砂体的良好配置，预测苏里格庙地区上古生界具备大气田形成条件。

1）发现苏里格大气田。按照"地震先行、稀井广探"的部署原则，采用"井震结合、精细预测、甜点优先"的勘探方法组织天然气勘探，部署的苏6井在盒8段获得压裂后无阻流量120万立方米/天的高产工业气流，发现了苏里格大气田，2000年、2001年两年新增探明天然气地质储量6025亿立方米。截至2015年，苏里格气田已累计上交探明、基本探明储量4.22万亿立方米，是中国最大的气田。

2）发现神木气田。借鉴苏里格勘探经验，深化盆地东部天然气成藏规律研究，以寻找大场面和相对高渗区为目标，制定"立足下部岩性大区带、兼顾上部甜点富集区"部署思路，组织天然气勘探，先后在榆7、榆19、陕209、神8等获得一批工业气流井，发现了余新庄、统万城、双山等多层系复合含气富集区，落实了神木-双山、绥德-米脂两个千亿立方米目标区，为神木地区的储量增长奠定了基础。截至2015年，以神木为主的盆地东部地区三级天然气地质储量已达 13613 亿立方米，成为继苏里格之后又一个新的万亿立方米大气区。

3）发现子洲气田。推广苏里格勘探经验，以子洲、米脂、双山上古生界为重点，整体部署、分步实施，按照"地震先行预测、钻井快速验证、测井综合判识、气层集中改造、试采及时跟进和地质确定规模"的步骤，当年新增天然气探明地质储量 1183.83 亿立方米，发现子洲气田。落实了高桥-塔湾千亿立方米勘探目标区。

4）组织探明了乌审旗气田、榆林气田、米脂气田。坚持宏观找气，提出"五位一体"的勘探思路，探明了乌审旗、榆林和米脂三大气田，分别探明天然气地质储量 1012 亿立方米、1808 亿立方米和 358 亿立方米。

学术成就及贡献：在《古地理学报》等核心期刊发表《鄂尔多斯盆地东北部上古生界太原组及下石盒子组碎屑岩储集层特征》等论文 7 篇。骨干参与的《苏里格气田的发现及综合勘探技术》获 2001 年国家科技进步一等奖，负责的《鄂尔多斯盆地上古生界天然气富集规律及勘探技术》获陕西省科技进步一等奖，《上古生界天然气勘探技术》等三个项目获中国石油技术进步一、二等奖。

二、首次提出湖盆中部大面积厚层砂岩形成机理，揭示了主力烃源岩成藏模式，组织和参与发现了华庆、姬塬、白豹等油田，新增探明石油地质储量超 10 亿吨

马岭等古地貌油田和安塞、靖安等三角洲砂体油田发现后，付锁堂等积极探索盆地中部勘探潜力，发现三角洲前缘重力流等砂体成因，摸清了湖盆中部厚层砂岩形成机理和分布规律，开启了鄂尔多斯盆地延长组石油勘探大突破的进程。

（1）首次揭示了长 7 主力烃源岩"倒灌式"和长 9 烃源岩

"近源式"两种成藏机理。对新发现的长9_1湖相优质烃源岩及时进行分布规律、发育环境、控制因素、地化指标及生烃特征研究，确定其具有有机质丰度高、母质类型好、处于生油高峰期等特点，是半深湖中生成的优质烃源岩。重新开展三叠系有效烃源岩评价，确定了长7、长9两套烃源岩的地化特征和生烃范围，揭示了长7主力烃源岩"倒灌式"和长9烃源岩"近源式"两种成藏机理，提出以垂向运移为主的"生烃中心控制油气分布"认识，明确了鄂尔多斯盆地中生界寻找大中型油田的有利范围。

（2）发现延长组湖盆中部厚层砂体形成机理，构建坳陷三角洲前缘重力流沉积模式，明确了中生界有利储层分布规律。通过研究发现，三叠系长7、长6段湖盆中部稳定发育厚层砂岩，局部连续厚度可达上百米；厚层砂体成因包括滑塌砂体、砂质碎屑流砂体、浊积砂体、三角洲砂体和底流改造砂体五种类型，均以重力流沉积为主，总体可称作深水重力流-牵引流沉积复合体；不同类型砂体纵向叠加、横向复合连片，形成规模宏大、分布稳定的砂带；砂带的形成和分布范围主要受控于沉积物的供给速率、湖盆底形及构造活动等因素，构建了坳陷湖盆中部三角洲前缘重力流砂体沉积模式。提出"长6-长8期湖盆中部三角洲前缘分流河道砂体、浊积砂体叠置发育，满盆含砂"新认识，突破了"湖盆中部泥质岩类为主，有效储层缺乏"的传统观念，指导了长6、长8石油勘探的重大突破。

（3）明确延长组成藏特点，组织发现了四大油田。开展了鄂尔多斯盆地中南部晚三叠世长7、长6时期的浊流、火山、缺氧及引起浊流的地震活动等事件沉积学研究，明确了形成良好油气藏的主要条件。在湖盆演化、有效烃源岩展布、优质砂体分布及成藏规律研究的基础上，组织长庆油田勘探部署和生产管理工作，取得四项成果：

1）发现姬塬油田。揭示了陆相坳陷盆地大型浅水三角洲的形成机理，厘定姬塬地区中生界湖盆展布和沉积体系范围。提出了延长组长4+5期在湖进背景下形成了退覆型三角洲沉积模式，以三角洲前缘主体带为目标，围绕吴仓堡、铁边城、小涧子、堡子湾、马家山五个目标，制定"区域甩开探规模、重点解剖定类型、分区评价拿探明"的勘探思路，组织发现了姬塬大油田，两年新增探明石油地质储量2.5亿吨，累计落实三级石油地质储量超5亿吨，获2006年中石油油气勘探重大发现一等奖。

2）发现白豹油田。依据浅水三角洲前缘水下分流河道砂体分布特征，以长6为主，兼顾延长组中上部和下部含油组合，先后落实了元284、白209、白255等三个亿吨级整装含油砂带，探明石油地质储量1.6亿吨，落实三级石油地质储量超3亿吨。该项成果在中石油股份公司2006年"四项具有战略意义重要发现"中排名第二。

3）发现合水-塔尔湾油田。瞄准长6—长8大型岩性油藏，加强盆地西南部长6期浊积砂体成因研究，取得了新认识，进一步明确了西南部浊积体前缘席状砂的勘探前景，准确预测西峰油田以东发育大型浊积体前缘席状砂，甩开部署落实合水、塔尔湾两个亿吨级储量区，探明石油地质储量2.4亿吨，落实石油三级地质储量超5亿吨。

4）发现宁县-合水油田。在深化大型辫状河三角洲前缘砂体研究的基础上，拓展长6—长8辫状河三角洲前缘岩性油藏勘探领域，发现了宁县-合水油田，新增石油地质储量2.7亿吨，落实三级油气地质储量6亿吨以上。

5）探明西峰油田。任勘探部经理期间，研究分析了该区长8沉积体系和成藏机理，组织实施了西峰油田石油勘探大会战，探明石油地质储量超过1亿吨，落实三级储量4亿吨，发现了西峰油田，获2003年中石油油气勘探重大发现一等奖。

学术成就及贡献：在《沉积学报》等核心期刊发表《晚三叠世鄂尔多斯盆地湖盆沉积中心厚层砂体特征及形成机制分析》等论文6篇，作为骨干参与的《中低丰度岩性地层油气藏大面积成藏理论、勘探技术及重大发现》获得国家科学技术进步一等奖，负责的《陕北大型三角洲油藏勘探新突破及勘探技术》

等 5 个项目获中石油技术创新一等奖。

三、创立高原改造型咸化湖盆油气地质理论，揭示古近-新近系烃源岩独特的低熟-高效生烃机制，建立大型咸化湖盆辫状河三角洲沉积模式，将勘探禁区变成有利区带，盆地资源量大幅增加，坚定了柴达木盆地寻找大油气田的信心

2007 年服从上级安排，从关中腹地来到青藏高原后，付锁堂快速掌握柴达木盆地基本石油地质情况，迅速形成油气勘探工作思路，组织科研人员认真开展扎实基础地质、石油地质研究和大量模拟实验，取得几项突破性认识。

（1）突破地理边界限制，恢复主要烃源岩形成期原型盆地。通过阿尔金、东昆仑两大走滑断裂及盆山关系研究，明确印度板块和欧亚板块碰撞对柴达木地块的延迟挤压效应，认为柴达木盆地新生界具有早期开启和晚期封闭两期演化的构造格局，是受昆仑、祁连与阿尔金山的多期运动影响的走滑挤压叠合盆地。根据高原盐湖盆地沉积特点，成功恢复了柴达木盆地的古气候、古盐度、古水深及盆地边界，重塑了原型盆地岩相古地理特征，明确了有效烃源岩的分布，使得古近-新近系石油资源量由原来的 15 亿吨增加到 33 亿吨，奠定了柴达木盆地寻找大油田的理论基础。

（2）突破经典干酪根生烃模型，突出盐类催化作用，揭示古近-新近系烃源岩独特的低熟-高效生烃机制，建立高原咸化湖盆生油理论，为找到高丰度油气藏奠定了基础。重新评价咸化湖盆生油潜力，发现古近-新近系盆地烃源岩生烃母质以丛粒藻、颗石藻、硅藻为主，干酪根热解模拟明确了盐类物质对生烃有明显催化作用，在低熟阶段（$R_o=0.61\%$）即可达到生排烃高峰；具有较高的排烃效率，液态烃产率可达 $450\sim700mg/g_{TOC}$，是国内其他盆地淡水湖相烃源岩的 $1.2\sim4.6$ 倍。咸化湖盆烃源

岩具有"低成熟度、低有机碳、宽生油窗、高转化率"的特点，建立了烃源岩评价标准和生排烃模式，形成高原咸化湖盆生油理论，突破了"烃源岩 TOC 含量低、生油条件差"的认识，有效拓展了柴西地区资源潜力。

（3）突破经典沉积理论，首次建立大型咸化湖盆辫状河三角洲沉积模式，将 2000 平方千米勘探禁区变成有利区带。单质点受力及搬运距离定量分析和大型水槽模拟实验发现，咸水介质密度大，浮力强，使得未发生絮凝沉降的颗粒搬运距离更长、范围更广，在矿化度 30‰（9℃）的条件下，咸化湖泊中河流淡水对细粉砂的水平搬运距离比淡水湖泊中远 15%。相比淡水湖泊，咸化湖盆辫状河三角洲具有"大平原、宽前缘、砂体延伸远"的特点。这一认识将柴西南区有利砂体分布范围整体向湖推进 10 千米以上，拓展有利勘探面积近 2000 平方千米，在理论上支撑了柴西南区新近系满凹含砂的沉积学认识，将以前认为"有源无储"的众多勘探不利区变为重要的勘探领域和区带。

（4）发现优质湖相白云岩储层，突出盐湖化学沉积特点，建立咸化湖盆源内碳酸盐岩沉积模式，突破深湖相缺乏有效储层的传统认识，复杂碳酸盐岩储层认识取得实质性进展。实验表明随着咸水中化学物质浓度的增加，溶解物将按照溶解度的大小先后沉积，其顺序为：碳酸盐（白云石）→硫酸盐（石膏）→卤化物（石盐）。钻探资料表明柴西古近系深湖相广泛发育碳酸盐岩、膏岩和盐岩，其中碳酸盐岩普遍发育高含量的白云石矿物（达 45%~80%），期间分布的晶间和溶蚀孔隙形成了有效的储集空间；脆性碳酸盐岩在强烈的构造应力作用下，易形成裂缝体系，从而改善储集性能。多介质类型优质储层的发现，打破了英西地区单纯裂洞控油的传统观念，突破了断层找油的思维束缚，使柴西古近系广泛发育的深湖区成为有利的勘探目标。

学术成就与贡献：出版《柴达木盆地油气勘探开发关键技术研究》论文集 4 部，在《中国石油勘探》等核心期刊发表《柴西南区石油地质特征及再勘探再研究的建议》等论文数十篇，负责的《柴达木盆地油气勘探开发关键技术研究》获得省部级科技进步一等奖。

四、突破传统成藏模式，突出盐岩盖层作用，构建高原盆地不同领域和类型的五大成藏模式，指导发现了三个大型油（气）田和两个亿吨级储量区

成藏规律研究表明，柴达木盆地富油气凹陷控制着油气聚集规模，构造背景控制着油气分布范围，古隆起控制着流体势格局和油气运聚方向，断裂、不整合和高渗砂体控制油气疏导体系和优势运移路径，优质储层和储盖组合控制着油气富集部位。在此基础上，创新盆地油气成藏地质理论，明确咸化湖盆特有的膏盐、盐岩在油气生成、运移、聚集、保存和储层、盖层、圈闭形成中的独特作用，根据不同勘探领域和类型的地质特点，创建了五个成藏模式，指导油气勘探取得五项成果。

（1）创建"断裂不整合和高渗砂体复合输导、高断阶构造及岩性圈闭富集"的源外油气成藏模式，指导发现了亿吨级的昆北油田。精细地质研究认为，昆北断阶带虽处于有效生烃凹陷之外，但发育油源断裂、地层不整合和渗透性砂层构成的有效输导体系，扎哈泉富烃凹陷与高断阶带之间存在着巨大的流体势差，为形成源外规模型油气富集提供了高效的运移路径和运移动力。优选昆北断裂上盘切六号构造为突破点，部署切 6 井获得成功。此后相继在切六、切十二和切十六号等构造的 E_3^1、E_{1+2} 和基岩获得突破，累计探明石油地质储量 1.07 亿吨，扭转了柴达木盆地持续三十年的勘探被动局面，获 2009 年中石油油气勘探重大发现一等奖。

（2）创建"深浅断层多级接力输导、盐岩滑脱圈闭聚集"的源上晚期成藏模式，指导发现了亿吨级的英东油田。研究表明英东地区至少经历了两期油气聚集，而浅层构造圈闭形成于 N_1 时期，受喜马拉雅期断裂改造后定型，构造形成期与定型期分别

对应两个油气聚集期。因此英雄岭构造带晚期构造圈闭发育有利储盖组合，具备压扭走滑断裂形成的有效运移通道，圈闭形成、定型期与生排烃高峰有效耦合，是源上晚期构造勘探的有利目标。优选英东一号部署砂 37 井获得成功，探明油气地质储量 8524 万吨，发现了柴达木盆地物性最好、丰度最高、效益最佳的英东油田，2010 年、2011 年分别获得中石油油气勘探重大发现一等奖。

（3）创建"震荡湖盆源储指状交互区和斜坡岩性圈闭复合聚集"的柴西南自生自储成藏模式，指导发现了扎哈泉岩性油藏和致密油储量区。通过源岩生油潜力和沉积体系研究，建立了震荡湖盆逐渐湖退环境下柴西南区上干柴沟组—下油砂山组优质烃源岩和优质砂体广覆式指状交互的沉积模式，实现柴西南区砂体分布和源储配置关系研究的一项重要理论突破，证实了柴西南区新近系具备形成自生自储岩性油藏的条件。优选扎哈泉作为突破口，部署扎 2 井获得突破，先后发现扎 2、扎 7、扎 9 和扎 11 四个甜点区，落实 E_3^1、E_3^2、N_1 和 N_2^1 四套含油层系，提交三级石油地质储量 1.78 亿吨，实现柴西南富油凹陷下凹下坡找油的突破，获 2014 年中石油油气勘探重大发现一等奖。

（4）创建"富烃凹陷内部塑性盐类高效封盖、多重孔隙介质脆性灰云岩优质储层富集"的源内自生自储成藏模式，指导发现了英西高产富集区。深入分析储层岩性及孔隙结构，发现并证实了含有大量晶间孔、溶蚀孔的白云岩储层，改变了以往单纯缝洞控油的传统认识。明确了英西深层上覆的优质盐岩盖层是成藏的关键，普遍发育晶间孔-溶蚀孔的白云岩储层是成藏的基础，发育裂缝系统是形成高产的前提。油藏为多种孔隙介质的构造-岩性油藏，普遍含油，大面积分布。优选白云岩储层发育部位部署狮 38 井，获得日自喷原油 1440 立方米、8mm 油嘴控制放喷日产原油 605 立方米的油田日产最高纪录，取得英西深层勘探的突破。目前已落实有利勘探面积 120 平方千米，预计储量规模在 1 亿吨以上，获 2015 年中石油油气勘探重大发现一等奖。

（5）创建"侏罗系淡水湖沼相烃源岩深凹生烃、断层风化壳复合输导、膏质泥岩高效封盖、山前古隆起（古斜坡）花岗岩-变质岩风化壳多期充注"的天然气源外成藏模式，指导发现了东坪大型气田和牛中潜力区，形成千亿立方米储量区，实现煤层气勘探突破。生烃模拟实验表明，柴北缘中下侏罗统淡水湖泊-沼泽相烃源岩 E_3^1 时期开始大量生气，E_3^2 时期达到生气高峰，具有大量生成时间早、持续时间长的特点。重新评价圈定冷湖-南八仙构造带以西、有机碳平均含量达 2.37%、R_o 大于 1.5%、面积 2 万平方千米以上的下侏罗统优质烃源岩展布范围。通过评价，天然气资源量达到 1.34 万亿立方米，是以前认识的 4 倍，突破了牛参 1 井钻后近 30 年盆缘区"有储无源"的传统认识。

首次建立柴达木盆地花岗岩、变质岩风化壳地质模型，将基岩目的层向下拓展 1000 米。发现受风化淋滤作用影响，基岩储层纵向上具有明显的分带特征。依据岩心和测井资料定量评价基岩风化程度，结合 ECS 元素分析测井资料综合分析，确定了纵向四层结构测录井特征及划分标准。钻探资料显示，柴达木盆地基岩风化壳残积层和半风化层厚度可达上千米，是山前古隆起区天然气勘探的有利目标。

梳理出阿尔金山前东段、赛什腾山前和马仙三大古隆起（古斜坡），发现深大断裂、不整合和优质砂体可以构成源岩和山前隆起带（斜坡区）的油气输导体系，指出优质含膏泥岩盖层下伏的基岩风化壳是天然气勘探的有利目标。优选具备"双源供烃"条件和古隆起斜坡背景的东坪鼻隆部署东坪 1 井，获得日产 11 万立方米的高产工业气流，探明天然气地质储量 519 亿立方米。打破了柴达木盆地天然气勘探 20 多年的沉寂局面，拉开了侏罗系煤型气藏勘探的序幕。此后，在牛东、冷湖五号、平台等地区都获得了工业气流，柴北缘侏罗系煤成气已形成千亿立方米天然气储量区。东坪和牛东分别获得 2012、2013 年中石油油气勘探重大发现一等奖。

在高原改造型盆地成藏理论的指导下，先后发现昆北、英东、东坪三个大型油气田和扎哈泉、英西两个亿吨级储量区，连续七年获得中石油油气勘探重大发现一等奖，新增探明石油地质储量 2.95 亿吨，是青海油田此前 52 年总和的 88%；新增探明天然气地质储量 809 亿立方米，扭转了青海油田天然气勘探的被动局面。

学术成就与贡献：出版《柴达木盆地油气地质成藏条件研究》等专著 3 部，在《沉积学报》等核心期刊发表《柴达木盆地西部油气成藏主控因素与有利勘探方向》等论文 7 篇，负责的《柴达木盆地英东油田勘探发现及配套工程技术研究》等 6 个项目获得省部级科技进步一等奖。"柴达木盆地昆北断阶带勘探与发现"被评为 2012 年度中国地质学会十大找矿成果之一。

五、组织山地地震技术攻关，形成国内首创、世界领先的复杂山地地震采集处理解释一体化配套技术，支撑英雄岭地区勘探突破，英东油田评价及试采开发井成功率达到 100%，为国内山前高陡构造区地震勘探探索出行之有效的技术体系

英雄岭一些井发现工业油流后，由于地表沟壑纵横、地下地质条件复杂，30 年不能掌握油气分布规律，严重制约了油气勘探的进程。2010 年砂 37 井出油后，付锁堂组织开展了复杂山地地震采集处理解释一体化技术攻关，取得合格地震资料，有力地的助推了英东、英西的勘探进程。

（1）首创"复杂山地低信噪比资料两高一宽、震检联合压噪"三维地震采集技术。针对英雄岭地区散射干扰发育、有效反射能量衰减快、构造主体断裂系统复杂等地震探难点，首次把高密度成像理念与复杂山地高覆盖、宽方位、震检联合压噪理念相结合，创立"两高一宽、震检联合组合压噪"三维地震观测系统，炮道密度达到普通山地三维的 5 倍，横纵比由 0.42 提高到 0.72，原始资料信噪比提高了 2 倍，为英雄岭三维地震资

料的突破起到了关键作用。

（2）革新了高原复杂山地三维地震高效采集施工技术。通过高精度航拍指导复杂山地物理点布设和野外施工组织；采用机械化钻机供气系统提高了钻井效率；推广自动化质量监控软件，提高采集质量监控效率；改进了复杂山地野外作业模式，最高日效达到 2140 炮，创造了国内复杂山地施工效率最高纪录，形成"安全、高质量、高效率"高原山地地震技术攻关的"英东模式"。

（3）首创"潜水面标志层静校正、叠前六分法去噪"复杂山地低信噪比资料处理技术。针对英雄岭地震施工难题，首次提出以地震资料浅部普遍存在的潜水面强反射作为标志层进行表层结构建模的方法，解决了复杂山地长期以来没有稳定折射界面、表层建模精度低的难题。这是英雄岭山地地震勘探最关键的技术，也是最为重要的技术亮点。

处理过程中形成以提高信噪比为核心的"叠前六分法"去噪技术；提出空间采样率优化面元方法，求取了准确的叠加速度和剩余静校正；形成了基于 GeoEast 平台、以叠前六分法为核心的提高信噪比处理技术和流程，解决了低信噪比资料的偏移成像技术难题。应用逆时叠前深度偏移处理技术，极大地提高了数据信噪比和速度建模及复杂构造成像的精度，为英西复杂构造精细解释奠定了基础。

（4）首次引入盆地内部走滑构造模型。根据区域构造特征进行正演分析，井震结合进行精细对比解释，构造格局更加合理。在英西落实了盐岩分布范围，确定了有利区面积，指导了狮38 等高产井的井位部署工作。在英东落实圈闭 21 个，提供钻探井位 36 口，钻井成功率 96%。

学术成就及贡献：出版《柴达木盆地地球物理勘探技术方法及应用》等专著 3 部，获得《多层裂缝预测方法和装置》等发明专利 2 项，主持的《英雄岭复杂山地极低信噪比区高密度宽方位三维地震勘探技术研究与应用》获得中国地球物理科学技术奖科技进步一等奖及 2012 年中国石油十大科技进展。

六、创建青海油田勘探管理模式，为低油价下油气勘探业务探索出了一条低成本发展途径，在中石油勘探系统推广

由于地质条件复杂、社会依托差、技术配套落后，2007 年油气发现成本是中石油油气发现平均成本的 6 倍。付锁堂到青海油田后强力推进管理创新，取得了明显效果。

（1）创建以项目部为主体，地质研究平台和工程技术平台为两翼的勘探项目管理组织模式，显著提升系统执行力，整体效应充分发挥。

1）加强项目部建设，全力打造勘探生产经营活动主体。在勘探项目管理中推行包投资、包储量、包工作量、包质量、包安全、包进度的"六包"措施，加强项目部建设，强化项目经理责任制，细化项目部岗位职责，明确工作流程，将项目部打造成精干高效、"责权利"统一的勘探生产经营实体。充分调动职工的积极性，形成"三抓四查五到现场"工作方法，生产效率不断提高，钻井生产时效提高 12 个百分点。

2）加强综合研究团队建设，为油气勘探插上"地质科学"翅膀。积极引入中石油内部科研机构，实施资源、资料、信息、成果、荣誉"五个共享"，形成了以油田研究院为核心，东方公司敦煌分院、勘探开发研究院西北分院、杭州分院等 6 家单位组成的综合地质研究平台，有效地解决了基础研究薄弱、后备领域准备不足的难题，探井成功率提高 32 个百分点。

3）加强工程技术团队建设，为油气勘探插上"工程技术"翅膀。积极引入物探、钻井、测录井和试油等四大工程技术力量，形成以油田钻采院为核心，东方物探青海物探处、勘探总院钻井所、西部钻探、中油测井青海事业部等组成的工程技术平台，攻克了复杂山地地震、高压高陡高坍塌压力条件下优快钻井、复杂储层测井评价及油水薄互层压裂等长期制约油田发展的

工程技术难题，取得明显的效果。

（2）创立油田勘探对标管理模式。以长庆油田等优秀勘探企业为标杆，结合柴达木盆地特点和青海油田实际，运用对标管理理念，从"勘探目标的优化、勘探过程的强化、勘探投资的细化"三个方面用量化的指标来规范各项勘探工作，明确标准，量化评比，严考核，硬兑现，有效地整合勘探系统队伍，提高了员工的工作能力，提升了整体工作效率和质量，为勘探连续突破奠定了坚实基础。青海油田的对标管理模式被中石油勘探系统广泛认可，并在全系统推广。

（3）创立以四级切块投资管理办法、四算成本控制流程和区块招标经营模式组成的勘探经营管理体系。

1）"一级减法、四级切块，三级运作、层层监督"的投资管理模式。根据勘探投资主要用途，以减法原则、切块管理为主要内容，将总投资减去固定成本后，按工程类别、专业实施四级切块，细化投资管理单元，实现"每一分钱都对应具体工作、每一份工作都有具体投资保障"，连续八年实现"工作量全部完成、投资总额不超"的目标。

2）"科学估算、合理预算、精细测算、严格结算"的成本控制模式。根据勘探生产特点，抓住部署论证、工程设计、现场实施和完工结算四个关键节点，分别实施科学估算、合理预算、精细测算和严格结算的工作方法，全过程确保投资不超、成本可控和工作量足额完成，有效地控制住了勘探成本，油气发现成本连续六年低于中石油平均水平。

3）推行区块总包，探索中石油内部甲乙方合作新模式。在重点区块实施包工作量、包质量、包风险、包单位成本的区块总包合同，调动施工方控制成本的积极性，承担方主动优化井身结构、优化钻井液体系、优化生产组织，区块钻井成本下降18.3%，形成甲乙双方共同控制成本的局面。

如今，已经走上青海油田总经理岗位的付锁堂，信念更加坚定，理想更加远大，意志更加坚强，作风更加优良。抓业务不遗余力，抓管理扎扎实实，开拓创新，埋头苦干，带领青海油田6万名职工家属积极应对油价下跌、天然气产品滞销等严重挑战，为全面建成千万吨高原油气田而努力奋斗，为祖国油气事业发展再做贡献、再立新功！

代表性论著

1. 付锁堂，袁剑英，汪立群等. 2014. 柴达木盆地油气地质成藏条件研究. 北京：科学出版社

2. 付锁堂，马达德，冯云发等. 2014. 柴达木盆地地球物理勘探技术方法及应用. 北京：科学出版社

3. 付锁堂，肖安成，汪立群. 2013. 柴达木盆地典型构造剖面. 北京：科学出版社

4. 付锁堂. 2014. 柴达木盆地天然气勘探领域. 中国石油勘探，19（4）：1~10

5. 付锁堂. 2010. 柴达木盆地西部油气成藏主控因素与有利勘探方向. 沉积学报，28（2）：373~379

6. 付锁堂，汪立群等. 2009. 柴北缘深层气藏形成的地质条件及有利勘探区带. 天然气地球科学，20（6）：841~846

7. 付锁堂，冯乔，张文正. 2003. 鄂尔多斯盆地苏里格庙与靖边天然气单体碳同位素特征及其成因. 沉积学报，21（3）：528~532

8. 付锁堂，田景春等. 2003. 鄂尔多斯盆地晚古生代三角洲沉积体系平面展布特征. 成都理工大学学报（自然科学版），20（3）：236~241

9. 付锁堂，黄建松，闫晓雄. 2002. 鄂尔多斯盆地古生界海相碳酸盐岩勘探新领域. 天然气工业，22（6）：17~21

10. 付锁堂，邓秀琴，庞锦莲. 2010. 晚三叠世鄂尔多斯盆地湖盆沉积中心厚层砂体特征及形成机制分析. 沉积学报，28（6）：1081~1089

郝蜀民

小　传

　　郝蜀民，中国石化华北油气分公司教授级高级工程师，1956年12月出生，男，内蒙古自治区呼和浩特市人，中共党员。1982年毕业于成都地质学院石油系石油地质专业；1982～1991年在地矿部第三普查大队综合研究队任助理工程师、副主任、工程师；1991～1996年在地矿部华北石油局第三普查大队综合研究队任主任、主任工程师、高级工程师；1996～1999年任中国新星石油公司华北石油局勘探处副处长、处长、教授级高级工程师；1999～2002年任中国新星石油公司华北石油局总工程师；2002年至今任中国石化华北油气分公司副总经理、总地质师，2014年至今任中石化集团公司勘探首席专家。

　　郝蜀民长期致力于致密低渗油气资源研究及其经济有效勘探开发工作，通过对鄂尔多斯盆地北部致密低渗气藏认识的创新，建立了"主源定型，相控储层，高压封闭，近源成藏"的"近源箱型"成藏理论，推动了盆地北部天然气勘探的关键性突破，成功实现了鄂尔多斯盆地天然气叠合层位最多、发现成本最低的规模储量的探明，为大牛地气田规模化开发奠定了良好的资源基础。2004 年，首次编制了鄂尔多斯盆地致密砂岩气藏规模开发方案，并于 2005 年成功实施了上古生界第一个 10 亿立方米产能建设，并以此为基础，全面启动了鄂尔多斯盆地致密低渗砂岩气藏的整体规模开发进程。2012 年，在鄂尔多斯盆地致密低渗砂岩气藏成功实施了国内第一个 10 亿立方米全水平井产能建设，并连续 4 年实现水平井规模建产 10 亿立方米的工作目标，打造形成了致密低渗气田高效开发试验区，对国内同类型气藏的有效开发起到了示范引领作用。创新形成致密低渗砂岩气藏"三统一"选区技术等 8 项开发关键技术，实现了致密低渗砂岩气藏的持续有效开发。至 2015 年底，大牛地气田探明地质储量4545.63 亿立方米，储量动用率达 80%；建成产能 46.5 亿立方米，累计生产天然气 260 亿立方米，总收入近 260 亿元，利润总额近 88 亿元。

出版专著 4 部，发表论文 20 余篇，国家授权发明专利 2 项；获国家级科技进步奖二等奖 1 项（R1），省部级科技进步一等奖四项（1 项 R1、3 项 R2）；荣获全国"五一劳动奖章"，享受国务院政府特殊津贴。

主要科学技术成就和贡献

如今的毛乌素沙地，已被一望无际的绿色植被覆盖，钻塔、采气树、集气站星星点点镶嵌在绿色中，一个年产 40 亿立方米的大牛地气田就诞生在这里。10 多年来，气田累计为国家供气260 亿立方米。大牛地气田的建设和开发为建设"美丽中国"做出了贡献，满足了冀、鲁、豫、蒙等地区工业和上亿户居民生活用气需求，成为中石化重要的资源战略阵地之一。

大牛地气田是华北油气分公司几代人锲而不舍努力的结晶，全国"五一劳动奖章"获得者——中石化华北油气分公司副总经理、总地质师郝蜀民发挥了关键作用。同事说："大牛地气田每一发展阶段，都是郝蜀民超前谋划、精心培育的杰作。"

"踏破沙海云崖路，长啸贺兰太行巅"，这是郝蜀民职业生涯的自我写照。34 年的探索磨炼，他总结出一套精确的地质找气理论，改变了石油地质界对低渗透油气田的认识，指导了鄂尔多斯盆地天然气勘探开发，成功建成了中国第四大气田——大牛地气田。

34 年来，郝蜀民先后主持完成了多项国家级科技攻关项目，获得国家级科技进步二等奖 1 项，被中石化授予"突出贡献科技专家"称号，他为气田倾注了心血，演绎着石油科技工作者精彩的"大气"人生。

一、执着源于对事业的忠诚热爱

1982 年，石油地质院校毕业的郝蜀民被分配到地质矿产部第三普查勘探大队，成为"三光荣"的石油地矿人。搞地质工作注定要奔波野外，以天地大漠为家。28 万平方千米的鄂尔多斯盆地，横跨陕、甘、宁、内蒙古、晋 5 省区，这是他工作的主战场。当年跑野外乘坐的车性能差，加上路况差，绕盆地一周观察、测量地质剖面，需要一两个月时间。

因为盆地的地层像一个盆似的，只有边缘露出地面，通过考查边缘的剖面来反演认识地层深处的情况，这是了解地层及油气成藏条件的最直接方法。每次出野外采集来的手标本样品，郝蜀民都是精心打磨、保存，厚厚的一本岩石资料剖面册上标注有所对应的剖面，直到现在还保存着。

有一次野外工作期间，郝蜀民被抬了回来，可把同事们吓坏了。原来，他的类风湿疾病发作，夜间翻身都动不得，双腿无法行走，不得不终止野外工作。当年他在想：我还年轻，不能被疾病困住脚。失去他热爱的地质事业，这才是最大的痛苦。于是，他下决心，一边服药治疗，一边强行锻炼身体与疾病抗争。最终收到了效果，疾病在他这位强汉面前低了头。

当年，参加一次野外工作很不容易，每次去郝蜀民都要克服身体不适的困难，不放过任何一次积累资料、深化认识的机会。正是对油气地质勘探事业的热爱与执着，他放弃了几次调大城市工作的机会。

在鄂尔多斯盆地多年来的积累沉淀，使郝蜀民对盆地的地层构造有了深刻的认识和了解，为大牛地气田的成功开发奠定了坚实基础。

2005 年，他在医院体检时，爱人接到了他病危的通知书，说是郝蜀民患上了心梗，随时有生命危险，急需住院做心脏支架手术。当时正是大牛地气田 10 亿立方米产能建设的关键时期，大批的开发井位等待部署，住院怎么能行。郝蜀民凭着自己的感觉，知道自己不会有太大问题，住了两天医院就坚持出院。

郝蜀民对工作是非常认真的，每次听团队中的同事汇报多媒体材料，他一坐就是几个小时，认真听，做记录。他的记忆力还特好，油气田开发的许多数据，他能一口说出，小数点后面的 2 位数都能清楚地记下来。

二、为鄂尔多斯盆地寻求突破立下战功

鄂尔多斯盆地是中国第二大盆地，蕴藏的天然气资源量 15 万亿立方米，居全国首位；石油资源量 128 亿吨，居全国第四；具有"满盆气、半盆油"之说。

受限于早期的勘探开发技术、油气藏认识等原因，石油行业虽付出了 40 多年的努力，但对鄂尔多斯油气开发始终未获得重大突破。

中国石化华北分公司的前身（地质矿产部华北石油局）是一支具有 50 余年光荣历史的油气勘探队伍。其在鄂尔多斯盆地的勘探始于 1955 年，但当时只能搞普查勘探，发现了油气田就交给石油部去开发。因此，华北石油局虽然在历史上曾经为大庆、胜利、江汉、长庆等油田的发现做出了突出贡献，却始终没

有自己赖以生存的区块，正所谓"地无一垄，房无一间"。

没有"地盘"，也就没有"根据地"。没有开发区块，就像农民没有地种庄稼一样，这种状况一直延续到 2002 年。当时，华北石油局并入中国石化集团，但在鄂尔多斯所登记的 8 个区块里没有其任何探明储量，没有 1 吨油和 1 立方米气的产量。

如果当时再不能迅速取得油气勘探开发的突破，华北石油局就面临发展困境，就将退出坚守了 40 多年的鄂尔多斯盆地，退出中国石油的勘探开发历史。

在这个关乎华北分公司"生死存亡"的历史节点上，郝蜀民和他的科技团队与"命运"较上了劲。

1999 年，华北石油局决定再上鄂尔多斯盆地北部天然气勘探项目，郝蜀民带领团队再次闯进毛乌素沙漠，对比测录井资料，优化井位选区部署，展开了一场没有硝烟的战斗。

天然气是地下看不见、摸不到的资源，只有开拓思路，才能有出路。为力争在短期内提交出探明储量，郝蜀民与他的团队通过科学论证部署的大探 1 井，在两个气层获得工业气流。2000 年，他们又围绕大探 1 井部署 4 口评价井，亦试获了工业气流，向国家提交了第一宗 165 亿立方米探明储量，大牛地气田随之诞生。

随着 2002 年成功实施的大 15 井和大 16 井喜获高产工业天然气流，拉开了华北分公司鄂尔多斯油气会战的序幕。至此，华北分公司由单纯的地勘单位向油气田开发企业迈出了关键一步，奠定了企业发展的基石。

三、立体勘探理论助力诞生大牛地气田

进入 21 世纪，中国石化集团将鄂尔多斯盆地列入资源接替战略的主战场，不断增加勘探投入力度，明确提出在"十五"期间拥有天然气探明储量 2500 亿立方米，建成年产 5 亿立方米天然气生产能力。

这为华北分公司带来了新的更大机遇与挑战，郝蜀民心里最清楚，勘探对象是仍为世界级难题的低压、低渗、低丰度、低产气藏。虽然有了大探 1 井的历史性突破，但更大的困难与问题却摆在了面前，由于单井日配产不足 1 万立方米，达不到经济有效开发价值标准，寻找高产富集区和提高单井产量仍是必须解决的首要问题。

根据鄂尔多斯上古生界的天然气地质特征，特别是大探 1 井的历史性突破，郝蜀民带领科研团队经过长期深入研究与探索，形成了大牛地气田近源"箱型成藏"的天然气成藏模式。这个理论认识确定了该区天然气的储集就像储存在一个"封存箱"内，箱顶、箱中、箱底发育有多套含气层。

为提高勘探成功率、降低开发成本，郝蜀民提出了立体勘探开发思路，在这一方针指导下，2002 年后，大牛地气田所部署的探井均有主要的勘探目的层、兼探其他层位，在气田部署的大 15 井和大 16 井，分别在箱顶的盒 2、盒 3 气层获得日产 21 万立方米和 16 万立方米的高产工业气流。

这两口井获得高产工业气流的成果振奋人心，其重要意义远超过大探 1 井天然气的突破，首先是解决了单井产量低这一制约气田开发的技术瓶颈问题；其次是极大地提高了大牛地气田在中石化油气勘探开发中的战略地位，进一步坚定了开发大牛地气田的信心。

四、精心设计呵护气田长寿

开创者，必非凡。在鄂尔多斯开发致密砂岩气藏没有成功先例，大牛地气田开发所走的一切道路都是第一次。开发初期，在郝蜀民的努力拼搏下，2004 年已提交 2615 亿立方米的探明储量，但由于地质界对储层认识的差异，一些专家认为是无价值储量。但郝蜀民坚持自己的探索之路，既体现出他坚实的理论基础，又体现出他过人的胆量与睿智。

大牛地气田区块面积 2003 平方千米，上古生界拥有盒 1、盒 2、山 1 等 7 套气层，这些储气层具有"纵向多层叠加，横向复合连片"的特征，每套气层含气的丰度很低且不一样，找出含气丰度相对高的 I 类气层，是气田实现经济有效开发的最佳途径。

为能找到这样 I 类气藏富集区，郝蜀民与他的团队将地质资料与三维物探反演数据反复对比，让物探反演的数据真实反映地质情况，实现物探与地质的最佳结合，指导井位部署。

根据不同的储层特性，郝蜀民采取了不同的技术路线。气田开发初期，针对 I 类气层，部署直井实施"单井单采"，2005 年当年建成了 10 亿立方米产能，成功完成了向北京供气。2007 年至 2011 年，针对含气丰度略低的 II 类、III 类气层，所部署的直井钻穿两套以上，采取"多层合采"的方式，每年以 4 亿立方米的产能建设递增，年产气达到 20 多亿立方米。

到了 2011 年，气田直井可动用储量已经不多，剩余的有 1500 多亿立方米的储量属于直井难于有效开发的 III 类、IV 类气藏，这部分储量资产不能动用，就会成为企业的"包袱"。要想有效动用这部分气层，必须运用增大泄气面积的水平井技术。但是，水平井施工难度大、风险高，在此之前，大牛地气田经过了几十口井的试验，均因钻井成本高，无法进行实际运用。

2011 年，华北油气分公司加大了水平井的试验，钻井周期得到大幅度压缩，成本直降，水平井技术得以成熟。当年在气田部署的水平井 DP27H 井，使部署直井无法见效的盒 1 致密气层，获得了日产 17.8 万立方米高产气流，极大增加了华北分公司运用水平井开发大牛地气田的信心。

2012 年，郝蜀民带领团队，果断决定全部运用水平井建产，所部署的 100 口开发井，实现新建产能 10 亿立方米，相比 2005 年第一个 10 亿立方米产能建设，少部署了 120 多口井，降低了气开发成本，在国内首次实现全部运用水平井进行规模建产。

当年，在郝蜀民的带领下，大牛地气田首次部署了丛式水平井的试验，该井组是在一个较大的钻井场地上，钻成水平段向不同方向延伸呈"米"字型结构的 6 口水平井，可大大节省井场占用土地，节省钻井时间，降低气田综合开发成本。该井组经实施试采作业后，获得了日产 78 万立方米的高产气流，成为国内首个陆上 6 井组丛式水平井成功的案例。

五、新的资源接替让气田高效发展

在郝蜀民精心运作下，大牛地气田运用水平井建产，连续 3 年实现新增 10 亿立方米天然气产能，2013 年产气量达到了 34.43 亿立方米，计划在"十三五"初产气量达到 50 亿立方米后持续稳产 20 年以上。而目前大牛地气田未动用的探明储量仅剩余 1299 亿立方米，随着气田每年新动用 400 多亿立方米探明储量的落实，尤其是 2015 年后，整块区域的产建阵地几乎没有。要实现长期稳产目标，必须做好老区挖潜，也做到向新区、新层位要新增探明储量。

知己知彼，方可百战百胜，油气田开发也是这样，郝蜀民心里清楚每一块新区、新层位的准备都要经历 3~5 年的准备。

按照郝蜀民的"气贯长虹蓝图"，2011 年至 2013 年，分别启动了鄂尔多斯北部杭锦旗、大牛地下古生界等区块的先期勘探。杭锦旗区块面积 9805 平方千米，资源潜力巨大，按照郝蜀民找"甜点"打气藏河道的模式，在摸清主河道的基础上，不断进行次河道的外扩，2013 年施工的多口探井获得日产 10 万立方米的高产气流，是大牛地最现实的资源接替区之一。

大牛地的下古生界含气面积广，深度厚，拥有较大的资源潜力，已钻的直井和水平井有 40 多口，在 199 平方米的有利区，提交控制储量 43.7 亿立方米。部署施工的 DP102S 井，通过采用新型的压裂工艺技术，获得了日产 16 万立方米的高产气流。

在大牛地老区资源挖潜方面，郝蜀民坚持部署丛式井组以及在老井场部署新井，仅 2013 年就节省土地 381 亩❶，节约投资 3303 万元。

六、科技团队与气田共发展

郝蜀民走上专业领导岗位后，仍把自己当成普通的地质工作者，参与鄂尔多斯盆地油气勘探与开发。正是他对自己的严格要求和科学技术上的不断提高，感染和影响着一批专业技术人员，大家在工作中一起进步、一起提高。

2012 年华北分公司以水平井整体进行规模开发，这在国内尚属首次。没有成功的经验可借鉴，郝蜀民的压力可想而知。但他鼓励基层技术人员保持信心，从思路到地质图件编制，再到图件分析，细心地指导。

2012 年 7 月，正是前线水平井施工紧张的时候，所施工的 DPH-10 井钻遇泥岩，年轻的技术人员马上进行了跟踪分析，初步设计了调整轨迹，准备向郝蜀民汇报。当时郝蜀民正在参加一个重要会议，在会议间歇时间，郝蜀民拿过技术人员编制的图件，与他们进行分析讨论，指出技术人员编制图件中的不足，要求他们补充完善，确定出最佳的水平井轨迹设计。

从大牛地气田部署第一口开发井起，至今已经部署了 1460 多口井，每口井从地质设计到井位部署、试气压裂等环节，郝蜀民都要全程关注。正像他所说"这些气井就像是我们的儿女，一定要好好呵护它们"。华北分公司水平井建产效果如此好，与郝蜀民细致的工作分不开。

一位业内知名地质专家用这样的诗句赞誉他："雄鹰展翅了然胸，气吞牛地少言颂。十年呕心躬开发，千万日产贯长虹。"

---

❶ 1 亩＝666.6 平方米

代表性论著

1. 郝蜀民，陈召佑，李良. 2011. 鄂尔多斯盆地大牛地气田致密砂岩气成藏理论与勘探实践. 北京：石油工业出版社

2. 郝蜀民，陈召佑，王志章等. 2013. 鄂尔多斯盆地大牛地气田致密砂岩气藏开发理论与实践. 北京：石油工业出版社

3. 郝蜀民，陈召佑，王志章等. 2014. 鄂尔多斯盆地大牛地气田致密砂岩气藏勘探开发关键技术. 北京：石油工业出版社

4. 郝蜀民，王明长. 1996. 中华人民共和国鄂尔多斯盆地地质图（1：500000）说明书. 北京：石油工业出版社

5. 郝蜀民. 2001. 鄂尔多斯盆地油气勘探的回顾与思考. 天然气工业，S1：18~21+5

6. 郝蜀民，惠宽洋，李良. 2006. 鄂尔多斯盆地大牛地大型低渗气田成藏特征及其勘探开发技术. 石油与天然气地质，27（6）：762~768

7. 郝蜀民，李良，尤欢增. 2007. 大牛地气田石炭-二叠系海陆过渡沉积体系与近源成藏模式. 中国地质，34（4）：606~611

8. 郝蜀民，司建平，徐万年. 1993. 鄂尔多斯盆地北部加里东期风化壳及其对油气储聚的控制. 天然气工业，13（5）：13~19

9. 郝蜀民，司建平，徐万年. 1994. 鄂尔多斯盆地北部古生代岩溶及有利油气勘探区块预测. 中国岩溶，2：176~188

10. 郝蜀民，司建平，李捷夫. 1996. 鄂尔多斯盆地北部下奥陶统上马家沟组地震相研究. 天然气工业，16（1）：14~18

王振峰

小　传

  王振峰，中海石油（中国）有限公司湛江分公司教授级高级工程师，男，中共党员，1956 年 7 月生于山东省茌平县，1978 年 2 至 1981 年 12 月就读于山东海洋学院海洋地质学专业，获理学学士学位；2003~2006 年就读于中国地质大学（武汉）矿产普查与勘探专业，获博士学位。

  从 20 世纪 80 年代初至今，王振峰一直奋战在南海油气勘探开发第一线。他于 1982 年 2 月至 1999 年 5 月年在南海西部石油公司任职，历任研究院助理地质师、地质师、大气区勘探项目办公室主任地质师、研究院副院长、勘探部副经理；于 1999 年 5 月年至 2007 年 12 月在中海石油（中国）有限公司湛江分公司任职，历任勘探部勘探项目与科研经理、技术部经理；2007 年 12 月至今，任南海西部石油管理局副局长、副总经理、总地质师。

  王振峰先后获得省部级科技进步奖 16 项，获得国家实用新型专利技术 7 项，发表学术论文 39 篇、科技专著 1 部；2001 年荣获国家科技部"国家八六三计划十五周年先进个人"称号；

他是中国海洋石油总公司级地质专家、享受国务院颁发政府特殊津贴技术专家。

主要科学技术成就与贡献

　　王振峰在南海西部油气勘探开发一线工作 30 余年来，一直从事南海西部油田含油气盆地综合评价和油气勘探科技攻关。他先后承担国家"863 计划"，国家"八五"、"九五"、"十五"天然气科技攻关，"十一五"、"十二五"国家科技重大专项，以及多项中国海洋石油总公司综合科研项目，取得了丰硕的科研成果。这些成果大力推进了南海西部海域含油气盆地的油气勘探，为东方 1-1 等一大批油气田的发现做出了重要贡献；他带头研发的莺琼盆地高温高压地层压力预监测等技术，打破了国外垄断，达到国际领先水平，有力地促进了东方 13-1/2 等一批高温高压大气田的发现；特别是"十一五"以来，他带头开展深水天然气成藏规律研究与勘探技术攻关，并精心组织现场实施，为我国首个自营深水大气田陵水 17-2 的发现做出了重要贡献。

一、潜心技术研发，创新成藏模式，
深水区勘探获突破

　　进入 21 世纪以来，陆地和近海浅水油气发现越来越少，开发难度越来越大，海洋深水区成为重要的油气接替区。全球深水勘探开发方兴未艾，深水和超深水油气资源勘探开发已经成为世界油气开采的重点领域。同时，周边国家在南海的资源掠夺愈演愈烈。为积极响应国家和中国海洋石油总公司"向深水进军"的号召，王振峰同志率先组建深水勘探科研团队，依托国家"十一五"、"十二五"科技重大专项，开展了针对深水油气勘探的"产学研"联合攻关，完成了南海西部深水区天然气地质与成藏研究及技术研发，揭示了崖城组陆源海相-海陆过渡相煤系地层和泥岩是深水区主力气源岩的认识，发现了中央峡谷浊积水道砂大型优质储集体；提出了中央峡谷岩性圈闭群"裂隙垂向输导、浊积水道砂岩储集、块体流泥岩封盖、高效快速充注"的深水峡谷岩性圈闭群成藏模式，提出了重点勘探领域与方向，为实现深水大气田勘探的重大突破奠定了理论基础。

有"第二个波斯湾"之称的我国南海，油气资源极其丰富，其中70%蕴藏在深水。但深水勘探难度大，尤其是南海西部深水区，因地处欧亚、太平洋和印澳三大板块交汇处，经历了极其复杂的地质作用和演化过程。南海西部琼东南盆地深水区面积约5.3万平方千米，水深最大处超过3000米，面积广，凹陷多，具有广阔的勘探开发前景。然而，自20世纪80年代以来，历经30余年，多家国际石油公司（埃克森美孚、BP、壳牌、道达尔、雪佛龙等）开展多轮评价研究与合作勘探，均收效不佳。由于对油气富集条件认识不清，对勘探前景悲观失望，各公司纷纷放弃，使勘探陷入停滞状态。

由于深水区实物工作量少，资料匮乏，认识薄弱，严重制约着勘探的进展。具体表现在三大方面：首先，深水盆地与生烃凹陷的形成动力机制不清楚，烃源岩类型与丰度认识不清，演化程度与资源潜力不明确；其次，深水区远离大陆，无大型河流注入，深水复杂环境与富泥背景下，大型优质储集体发育机制与分布规律不清；最后，深水油气勘探成本高昂，必须立足于大中型油气田的发现，而深水油气富集机制认识薄弱，大油气田勘探方向与重点目标不明确。

为此，王振峰领导的科研团队联合中国地质大学、中国石油大学、中国海洋大学、吉林大学、成都理工大学、中国科学院南海海洋研究所、南京地质古生物研究所等国内知名院校和研究单位，组成"产学研"三结合的联合攻关团队，全面开展攻关研究，共完成三维地震采集15600平方千米，钻深水探井18口，完成8大类18项地质分析与样品测试、地震资料处理解释等工作，研究取得了重大进展。

针对南海西部深水区远离大陆、没有大型河流注入，中外专家忧虑缺乏优质碎屑岩储层的难题，王振峰和他的研究团队创新性地利用深水沉积学和地震沉积学理论，系统研究了琼东南盆地深水区沉积演化与沉积体系，首次发现研究区独具特色的大型轴向海底峡谷充填了很厚的水道浊积砂优质碎屑岩储层，解决了优质储层存在的理论问题；建立了深水区轴向海底峡谷分段式发育、多期次充填和多物源供给沉积模式；研发出深水储集体地学研究平台，描述了中央峡谷水道砂和海底扇大型优质储集体平面分布与内部结构，预测了峡谷浊积水道优质储层分布规律。成果揭示出中央峡谷分为五期充填，砂层总厚度超过200米，形成了深水区不可多得的区域性优质储集层，从而解决了困惑深水勘探决策的储层问题。经钻井证实，细砂岩岩心孔隙度为30.0%～33.7%，平均31.5%；渗透率为93～2512毫达西，平均633毫达西，测试日产天然气160万立方米，无阻流量近3000万立方米/天，创下中国海上单井日产天然气最高纪录。

针对外国同行质疑深水区烃源岩过熟、缺乏大规模生烃条件的问题，王振峰和他的研究团队，通过重磁震联合反演，重新刻画了盆地的凹陷结构与充填特征，提出了研究区六个深大凹陷古近系厚度大、分布广、烃源物质基础雄厚的论断；通过构造热体制研究，确定了"东热西冷"的格局，提出了高温超压条件下新的热演化模型，揭示深水区中西部凹陷处于主生气窗（R_o=1.8%～3%），处于大量生气阶段；盆地东部凹陷埋深相对较浅，处于成熟—高成熟阶段，则既生油也生气；改变了以往外国同行认为本区"西部过熟、东部生烃能力差"的传统认识。其中的乐东和陵水凹陷因其生烃量和生烃强度最大，被评为六大凹陷之首。

针对研究区是否存在大型含油气圈闭、是否具备良好成藏条件问题，王振峰和他的研究团队利用高品质三维地震，发现了成群成带分布的大型圈闭，落实和评价了8个重点勘探领域、12

个大型目标，圈闭资源量超过 2.3 万亿立方米，其中以中央峡谷浊积水道大型岩性圈闭群最为有利。它由 9 个圈闭组成，位于大型生烃凹陷，储层条件良好，成藏条件优越，资源量巨大。研究揭示了陵水段岩性圈闭群底辟与微断裂提供运移通道、中央峡谷优质水道砂储集、深水块体流巨厚泥岩封盖的良好成藏条件，从而提出了深水中央峡谷大型岩性圈闭群"纵向运移—超压充注—块体流封盖—多气藏复合"的成藏模式，明确了中央峡谷大型岩性圈闭群为首选勘探领域，向管理层提出了优先钻探建议。

依托项目成果，2014～2015 年中国海油在南海北部深水区连续钻探 14 口深水探井，获得 4 个天然气重要发现，三级地质储量超过 2500 亿立方米。其中，陵水 17-2 构造位于琼东南盆地深水区陵水凹陷中南部，为中央峡谷浊积水道砂体构成的大型岩性圈闭群。主要目的层为上中新统砂岩，富生烃凹陷陵水凹陷提供充足烃源，深水块体流形成良好盖层，圈闭面积大、储层物性好、资源潜力超过 1200 亿立方米。陵水 17-2-1 井位于一号砂体构成的一号圈闭，设计井深 3561 米，海洋石油 981 深水钻井船承钻，历时 35 天，发现气层 47 米，孔隙度 27%～31%，DST 测试获得日产天然气 160 万立方米，日产凝析油 78.4 立方米，天然气无阻流量为每天 2994 万立方米，创造了中国海域自营气田测试单层日产量最高纪录。

本井成功后，在本构造连续钻探 8 口深水井，全部获得成功，2015 年 1 月通过了国家储委的储量审查，共获得天然气探明地质储量 1031 亿立方米，三级储量合计 1208 亿立方米。预计2020 年将建成中海油第一个自营深水气田，年产 50 亿～70 亿立方米，销售收入 1478 亿元人民币，累计税后利润 588 亿元人民币，同时将为国家清洁能源供应做出重要贡献，具有巨大的经济社会效益。

陵水 17-2 的成功发现，打响了我国海洋石油工业自营深水勘探的第一枪，证实了陵水凹陷发现大批天然气田的现实性，使得这里勘探前景更加明朗；推动了我国深水勘探科技进步，提升了南海深水勘探开发的地位，鼓舞了中国海油建设南海大气区的斗志；同时极大地激发了全国人民的爱国热情和海洋意识，为建设海洋强国增添了浓墨重彩的一笔。

陵水 17-2 深水大气田的发现被中国石油企业协会评为 2014 年度中国石油行业十大新闻之一，被中国矿业联合会评为 2014 年度中国矿业十大新闻之一，被中国地质学会评为 2015 年度十大地质科技进展之一。获得中国海洋石油总公司科技进步一等奖一次（R2）、二等奖一次（R1），国家储委优秀储量报告一等奖一次（R1）。

二、紧抓基础研究，提供科学指导，高温高压区获"宝藏"

闪耀着蓝色火焰的天然气又称"蓝金"。南海西部莺琼盆地是世界三大高温高压地区之一，"蓝金"资源丰富。该盆地具有地温梯度高、超压强、热流体活动强烈的独特地质背景，使得该区油气成藏不同于常压盆地。20 世纪 80 年代开始，多家外国石油公司开展了合作勘探，均因未找到油气田而放弃，致使许多外国专家认为，莺琼盆地压力梯度、温度如此之高，即使发育天然气，也只是如同汽水一样的水溶气，无法游离成藏。

王振峰和他的团队偏偏不信这个邪，他们自"八五"开始，20 多年来，一直围绕高温高压盆地天然气成藏这一主题，依托国家天然气科技攻关项目，持之以恒地开展天然气攻关。所负责完成的《莺琼盆地大中型勘探目标评价》《莺琼盆地海上隐蔽气藏勘探关键技术研究与实践》和《莺琼盆地高温高压天然气成藏主控因素及勘探突破方向》等课题，研究取得了重大进展。提出了"底辟构造成藏"和"高温高压岩性圈闭成藏"等模式，为该区天然气勘探部署及井位确定提供了科学的理论指导，推动了东方 1-1、东方 13-1/2 和乐东 15-1/22-1 三大气田群的发现，获得天然气储量近 3000 亿立方米，创造了良好的经济与社会效益。

首先，他们以国际上流行的含油气系统的概念为指导，以富生烃凹陷为依据，划分出并评价了 3 个含油气系统、10 个亚含油气系统。其次，他们应用国际流行的高分辨率层序地层学方法，分析莺歌海盆地的主要层序界面，确定各界面特征及识别标志，提出新的层序分层方案，确定各层序界面的时空关系，建立了地层的旋回系统和地层格架，编制海岸上超曲线、相对海平面变化曲线，根据盆地储层、盖层的特征、分布及演化情况，确定本区存在 7 种储集体和 5 种储盖组合类型。再次，他们提出了高压早期抑制有机质成熟、晚期促进热演化的观点，对底辟构造演化和有机包裹体期次进行分析，发现了晚期成藏和底辟区幕式成藏的证据；发展了"平点、亮点、道积分"浅层天然气海上高精度二维高分辨率地震识别技术，实现了浅层天然气在地震剖面上的"可视化"；提出了底辟构造带"纵向运移、幕式聚集、超压封盖、动态平衡"的高温高压底辟构造成藏模式。根据《中国海洋石油总公司勘探规范》，对 11 个有利成藏区带中优选的 18 个有利勘探目标进行可上钻性评价，为东方 1-1 千亿立方米大气田和乐东气田群等一批大中型气田的发现发挥了重要作用，获得天然气储量近 2000 亿立方米。

"十一五"以来，随着莺歌海盆地中浅层勘探程度越来越高，大型勘探目标越来越少，天然气勘探向高温高压中深层发展成为必然。中深层是否存在优质储层、高温高压环境下天然气能否成藏，是继续开展南海西部天然气勘探务必解决的技术难题。王振峰和他的研究团队迎难而上，依托国家重大专项《莺琼盆地高温高压天然气成藏主控因素及勘探突破方向》以及中国海洋石油总公司重大专项《莺歌海盆地东方区高温超压优质大气田勘探评价技术》，利用大面积高品质三维地震资料和国际流行的层序地层学方法，发现了非典型陆坡背景下的上中新统大型海底扇，面积超过 300 平方千米，从而打消了储层方面的忧虑。针对大型海底扇背景识别出的高温高压岩性圈闭，构建了构造活动型走滑-伸展盆地重力流沉积模式，提出了"动态生气—耦合成藏—近源聚集"的生烃-成藏观点，借助天然气在水中的级差溶解实验，解决了高温高压条件下天然气出溶的理论问题，推断在莺琼盆地高温高压条件下存在大型天然气藏，提出了"海底扇储集—高压封盖—裂隙沟源"的高温高压岩性气藏成藏模式，明确了莺琼盆地高温高压领域发育有丰富的天然气资源。

经钻探，成功发现东方 13-1/13-2 千亿立方米级高温高压高产优质大气田，实现了高温高压天然气勘探重大突破，产生了良好的经济与社会效益。形成的勘探理论体系，将进一步唤醒沉睡在我国海域的高温高压油气资源。相关研究成果获广东省 2008 年度科技进步二等奖一次（R4），中国海洋石油总公司科技进步一等奖一次（R6）、二等奖一次（R2），广东省地质学会 2013 年度地质科学技术奖一等奖（R1），被中国地质学会评为 2013 年度十大地质科技进展之一。

三、集成技术方法，攻克钻井难题，"炼炉"探宝"福气"来

莺歌海和琼东南盆地中深层属于高温高压领域，压力系数超 2.0，地层压力超过 1 万磅，温度超 200℃，属世界上罕见的高温高压并存的富油气盆地。温度压力变化快，特别是压力抬升快，压力梯度大，相对值高，钻井难度大。20 世纪八九十年代，因异常地层压力分布认识不清，地层压力预测精度较低，致使海上高温高压钻井事故频发，大大增加了勘探成本，包括美国阿科等多家国际知名石油公司在本区钻井 10 余口均未成功，严重阻碍了高温高压领域的勘探进程。为了攻克莺琼盆地高温高压钻井的重大技术难题，依托国家"863 计划"海洋领域重大项目 820-07-02《精确的地层压力监测与预测技术》课题（1997~2000），王振峰组织中国石油大学、成都理工大学、中国科学院地质与地

球物理研究所等国内知名院校和科研院所，组成"产学研"联合攻关团队，地质、钻井多专业融合，在国内首次系统建立并集成了高温高压地层压力钻前预测、随钻监测和钻后评价的工作方法。包括：综合利用地质、地球物理、岩石物理以及岩石力学等多学科技术手段，厘清了泥岩快速沉积、高温脱水的欠压实为主、底辟垂向裂隙他源传导为辅的莺琼盆地高温高压成因机制，首次建立了他源高压预测模型，大大提高了钻前压力精确预测精度，为高温高压钻井设计提供了重要支撑；研制了利用泥浆录井资料进行压力随钻监测的 ALS-2 压力监测软件，实现了高压井随钻地层压力监测，适时掌握地层压力变化，保障了钻井作业的安全高效；首次研发了利用中途 VSP（垂直地震测井）和 SWD（随钻地震测井）资料反演，进行未钻开地层压力预测，随钻过程中指导钻井，保证了钻开高压地层前的套管正确下深，保障了高温高压井的安全顺利完成；将钻前预测、随钻监测和随钻预测三大手段综合起来，集成了高温高压地层压力钻前预测和随钻监测技术体系，这在当时国内绝无仅有。

该成果成功地应用在南海西部高温高压钻井工程中，达到较高的精度，为高温高压井的安全高效实施发挥了重要作用。该成果以崖城 21-1-4、东方 1-1-11 等为靶区，成功实施了高温高压井的钻前预测和随钻监测，钻后证实压力系数预测精度达到 92%，压力界面深度预测精度达到 98%，为两口高温高压井的安全钻成发挥了重要作用。技术的突破，使得曾被国外许多专家判"死刑"的莺琼盆地高温高压领域，迎来了勘探的"春天"。目前，该技术已成功推广应用于莺琼盆地 20 多口高温高压钻井，并推广到中国海域其他盆地。研究成果为莺歌海盆地东方 13-1/2 高温高压大气田的成功发现做出了突出贡献。研究成果受到国家"863 计划"责任专家们的一致好评。编写的"高温高压地层压力预测与检测系统"软件顺利通过了国家"863 计划"办公室组织的专家鉴定，王振峰因此荣获国家科技部"国家八六三计划十五周年先进个人"称号。该成果获中国海洋石油总公司科技进步二等奖一次（R1）。研究成果形成并出版发行专著《莺琼盆地高温高压地层钻井压力预监测技术研究》（第一作者）。

四、不断深入认识，创新评价技术，原油开发结硕果

南海北部海域 20 世纪 80 年代开展大规模对外合作，10 多年的时间，道达尔等 7 家外国公司完成大量勘探工作量，但仅发现几个中小型油田和含油气构造，成功率很低，经济效益很差。到 80 年代后期，外国公司都把本区列为勘探高风险区，纷纷退出，勘探进入低潮。王振峰在面临诸多不利条件的形势下，坚定信念，开拓创新，带领南海西部油田的技术骨干，深入研究南海西部陆相盆地基本石油地质条件和油气富集规律，攻克了富生烃凹陷的识别、大型储集体展布规律及有利勘探方向预测等难题，取得石油地质理论认识的三点突破，创新并发展了五项勘探评价关键技术，应用于油气勘探实践，发现了文昌 13-1/13-2 等 46 个油田，发现石油地质储量 7.13 亿立方米，探明 4.19 亿立方米，在诸多外国石油公司定位的高风险区建成了高效原油开发区。

在此过程中，为解决制约南海西部原油勘探的关键问题，王振峰带领他的团队，综合应用古湖泊学、层序地层学、地震沉积学及成藏动力学等研究方法，系统开展北部湾盆地和珠江口盆地（西部）优质烃源岩识别和富生油凹陷优选、优质储层和大型储集体识别、有利勘探区带和目标评价，提出勘探部署方案，同时研发和集成勘探技术系列，取得了理论与技术的重大突破，为大中型油田的勘探开发提供技术支撑。

王振峰带领团队创新发展了古湖泊学理论方法，应用于北部湾、珠江口西部盆地湖相生油岩识别和富生油凹陷优选，提出了始新世微咸水体分层有机质富集模式，识别和评价了涠西南、文昌及乌石三个富生油凹陷，总资源量达到 49 亿吨，为南海西部

海域寻找大中型油田奠定了丰厚的资源基础。同时，应用高精度层序地层学、地震沉积学理论方法，研究南海西部陆相断陷盆地层序划分、构造演化及沉积充填特征，建立了低位、高位、陡坡和缓坡等四种控砂模式，确定了复杂断陷盆地优质大型储集体的分布。应用含油气系统、成藏动力学理论，研究南海西部复杂断陷盆地油气运聚特征，创新提出了富生油半地堑"一源多储、断脊运移、立体富集"的成藏认识，建立了凹中隆、斜坡带及凸起区三种大中型油田成藏模式，有效指导了区带、目标优选评价，提高了勘探成功率，发现了一批油气田。此外，研究团队还系统研发了南海西部断陷盆地原油勘探系列配套技术，取得一些重要的技术创新，主要包括：微地层单元控制下的储层预测技术，断层、骨架砂体和能量场三位一体油气运移预测技术，基于钙质层的油藏识别技术，地震分频微断层识别技术。新技术的应用直接促进了涠洲11-4N/12-2等大中型油田的发现。

通过综合应用上述成藏新认识及新技术，指导复杂断陷盆地原油勘探，自1990年以来，南海西部油田部署了224口预探井，发现了文昌13-1/2等46个油田和25个含油构造，共获三级石油地质储量7.13亿立方米，原油年产达到400万~600万立方米，累计生产原油6200万立方米，经济效益与社会效益十分显著。王振峰负责完成的《南海西部海域原油新领域勘探理论、技术和重大突破》项目，获2013年度中国海洋石油总公司科技进步二等奖（R2）。

五、勇战复杂区域，形成理论体系，滚动勘探见高效

海洋石油因为高风险、高投入、技术含量高等特点，如何高效率地进行海上油气勘探开发是一个综合研究课题。北部湾盆地是南中国海北部典型的断陷盆地之一，油气藏大多呈现断裂分割严重、类型复杂、分布散、规模小的特征。自1986年投产开始，

产量从投产初期的高峰265多万立方米快速递减至2003年的150万立方米，仅仅依靠单一技术已经无法改变产量快速下降的趋势，2008年下降到50万立方米以下，濒临停产。

为此，针对该复杂油气区，王振峰深入研究，提出了实现海上复杂断块储量快速增长的滚动勘探开发生产理论，并在北部湾盆地涠西南凹陷实践中得到了应用，促进了涠西南凹陷一批油田群的发现和评价。

在此过程中，王振峰带领的科研团队，进行多专业联合攻关，以北部湾盆地为靶区，着力研发海上复杂小断块油田群高效勘探开发技术，以实现油田达到并稳产250万立方米的目标。而要达成此技术，就必须通过自主创新解决四方面难题：其一，在断层发育、断裂系统复杂，沉积体系多样的条件下，如何精细识别和解释断层、落实圈闭、精细刻画储集体，提高勘探成功率；其二，断块储量规模小，油藏类型复杂，探明程度低，开发周期不一，如何突破海上传统开发模式，实现经济开发；其三，油藏天然能量不足，注海水结垢严重，每天50万立方米的伴生气燃烧浪费，如何利用伴生气既提高采收率又节能环保；其四，海上平台建造和输送系统铺设成本高昂，如何实现缩小平台规模而不减少丛式钻井数和动力供应，如何减少输送系统铺设对大型船队的依赖而不降低海管性能，达到大幅度降低开发成本的目的。

面对这些难题，王振峰带领他的团队经过持续攻关，通过组织研究、试验、推广等重重考验，研发了多种技术，最终实现了该油区的高效勘探开发。

首先，通过自主研发的微断层增强识别技术（MFE）、相控频率反演储层预测技术和隐蔽油气藏识别与勘探技术，揭示了"三面控藏"的油气分布规律，提出了海上滚动勘探开发生产新理论，实现了微断层精细描述和陆相复杂储层有效预测。该技术应用下来，新探明了15个油田、53个断块、351个计算单元，勘探商业成功率由30%提高到66%，达到了国际先进水平。

其次，通过创建复杂小断块油田"链延式"、"扩张式"、

"递补式"和"移动式"四种开发模式，将复杂分布的、丰富的地下资源和海上有限的生产资源全面系统地综合利用起来，突破了海上断块油田整体探明难度大、独立开发门槛高的瓶颈，开创了油区储量增加和产量持续增长的高效勘探开发新局面。

再次，通过创新发展适用海上油田重力分异稳定驱动开发方式以及并联多管分层配注和汇注油田伴生气等技术，使得该开发方式比注水开发提高原油采收率10%以上（达38.8%），伴生气由燃烧浪费转为储存利用，实现了单井多用和平台减振安全生产，大幅度降低操作成本和减排增效。

另外，通过首创单筒三井钻井、海上耐腐蚀防结垢的油气输送软管及敷设、电力通讯一体的新型海底光电复合缆、首个"海上电网的能量管理系统（EMS）"等低成本开发关键技术，大幅提升了海洋开发水平，引领了海上边际油田技术发展。

五年来，通过该理论技术体系，发现和评价的油气田和含油气构造共有14个，获得三级地质储量原油3.05亿吨、天然气305亿立方米，其中探明地质储量原油1.58亿吨、天然气185亿立方米。开发建设油气田数量由4个增加到13个；动用探明地质储量增幅84%，总可采储量增加1277万立方米；新建原油年产能215万立方米；总产值329亿元人民币，净利润128亿元人民币。该技术成果在未来10~15年有良好的应用前景，并已成功推广到莺歌海和珠江口等盆地的滚动勘探开发生产中。项目研究成果获专利8项、企业专有技术5项、发表论文45篇、专著2部。《北部湾盆地涠西南凹陷滚动勘探开发生产理论与实践》科研项目，获2008年度中国海洋石油总公司科技进步特等奖（R3）。

王振峰先后担任中国石油学会理事、广东省石油学会常务副理事长、广东省地质学会副理事长、海洋石油勘探国家工程实验室学术委员，《中国海上油气》和《非常规油气杂志》编委。在担任社会团体职务期间，紧密围绕石油、天然气勘探开发的难题，开展了丰富多彩、形式多样的学术交流、技术咨询、技术培训、科普教育等活动，为推动南海油气资源勘探开发、提高科学技术水平、海洋石油工业的快速发展做出了重要贡献。

代表性论著

1. 王振峰，罗晓容. 2004. 莺琼盆地高温高压地层钻井压力预监测技术研究. 北京：石油工业出版社

2. Wang Zhenfeng, Liu Zhen, Cao Shang, et al. 2014. Vertical migration through faults and hydrocarbon accumulation patterns in deepwater areas of the Qiongdongnan Basin. Acta Oceanologica sinica, 33 (12)：96~107.

3. Wang Zhenfeng, Shi Xiaobin, Yang Jun, et al. 2014. Analyses on the tectonic thermal evolution and influence factors in the deep-water Qiongdongnan Basin. Acta Oceanologica sinica., 33 (12)：107~118

4. Wang Zhenfeng, Xie Xinong. 2004. Pressure Prediction for High-Temperature and High-Pressure Formation and Its Application to Drilling in the Northern South China Sea. ACTA GEOLOGICA SINICA, 78 (3)：640~643

5. Wang Zhenfeng, Huang Baojia. 2008. Dongfang 1-1 gas field in the mud diapir belt of the Yinggehai Basin, South China Sea. Marine and Petroleum Geology, 25 (4-5)：445~455

6. 王振峰. 2012. 深水重要油气储层——琼东南盆地中央峡谷体系. 沉积学报，(04)：646~654

7. 王振峰，裴健翔. 2011. 莺歌海盆地中深层黄流组高压气藏形成新模式——DF14井钻获强超压优质高产天然气层的意义. 中国海上油气，23 (04)：213~218

8. 王振峰，李绪深，孙志鹏等. 2011. 琼东南盆地深水区油气成藏条件和勘探潜力. 中国海上油气，23 (01)：7~14

9. 王振峰，何家雄，裴秋波等. 2003. 莺琼盆地和珠江口盆地西部 CO_2 成因及运聚分布特征. 中国海上油气，17 (5)：293~297

10. 王振峰，何家雄，解习农等. 2004. 莺歌海盆地泥底辟热流体活动对天然气运聚成藏的控制作用. 地球科学，29 (2)：203~210

王来明

小　传

　　王来明，山东省地质调查院教授级高级工程师（技术二级），中共党员，1952年12月出生，男，山东省寿光市人。1978年毕业于山东矿业学院地质矿产系区域地质调查及矿产普查专业；1978~1996年在山东地矿局区域地质调查队任技术员、助理工程师、分队长兼技术负责、分队长兼主任工程师、副总工程师兼总工办主任、副队长兼副总工程师；1996~1999年任山东省地质调查研究院院长；2000~2012年任山东省地质调查院院长，2013年至今任山东省地质学会副理事长兼秘书长。

　　王来明同志从事地质调查工作37年，主持完成1∶20万和1∶5万区域地质调查、1∶5万地球化学调查和1∶25万生态地球化学调查、山东省区域地质志、山东省重要矿产资源潜力评价、矿产资源勘查等地质调查研究项目20余项。在区域地质调查项目中，发现并填绘出大面积分布的中—新太古代变质变形岩体（TTG岩）图，建立了胶东地区前寒武纪地质构造格架和岩浆岩演化序列，使胶东地区前寒武纪研究取得了突破性进展；在鲁东地区榴辉岩研究中发现微粒金刚石，确定了鲁东地区是秦岭-大别山造山带的北东段延伸部分，是华南、华北板块碰撞的产物；所主持的黄河下游流域生态地球化学调查，开创了山东省生态地球化学新局面，推进了生态地球化学调查的全面开展；矿产资源勘查方面，在沂沭断裂带中发现蚀变岩型金矿，沂沭断裂金矿找矿取得重要进展，对整个郯芦断裂带金矿找矿研究具有重要意义；编写了《山东省区域地质志》、编制了山东省系列地质图。

出版专著 6 部，发表论文 30 余篇。获省部级科技奖 7 项、一等奖 2 项（R1、R9）。荣获全国国土资源系统先进工作者、全国优秀科技工作者、国土资源部"十五"期间科技工作先进个人、山东省富民兴鲁劳动奖章等荣誉称号，享受国务院政府特殊津贴。

主要科学技术成就与贡献

王来明挚爱地质事业，从事野外地质调查工作 37 年不动摇，长期从事基础地质调查、生态地球化学调查、矿产勘查、地质科学研究等，足迹踏遍齐鲁大地，汗水挥洒在山野之间，用脚步书写着平凡而光荣的地质人生，把青春和智慧奉献给钟爱的地质事业。

一、从事基础地质调查研究，建立了胶东地区前寒武纪地质构造格架，使胶东地区前寒武纪研究取得了突破性进展

1985 年，王来明第一次担任区域地质项目负责人，主持 1∶5 万栖霞幅区域地质调查工作，他认真学习和钻研地质新理论、新技术、新方法，并利用地质新理论、新技术、新方法进行地质调查研究，对地层、侵入岩、片麻岩等地质体按新的认识进行分解和划分，将该地区原大面积前寒武纪胶东群进行了分解，

划分出了大量太古宙变质变形侵入岩（TTG岩），并进行了锆石U-Pb同位素测年，首次获得太古宙TTG岩28.58亿年、26亿~27亿年、25亿年三组同位素年龄数据，建立了新太古代栖霞片麻岩套（太古宙TTG岩）。太古宙变质地层成残片分布，并对胶东群进行了重新划分厘定，认为该地区为山东最古老的变质岩石。使胶东地区地质面貌发生了重大改观，是胶东地区前寒武纪研究的一次突破性进展，为之后的区域地质调查和地质科学研究起到了重要的指导作用。

1988~1992年，王来明主持1∶20万文登、威海、海阳、潮里四幅区调工作。编写了总体设计书，实施了野外地质调查，主编了区域地质调查报告。该次区域地质调查首次将该地区原大面积分布的前寒武纪胶东群进行了解体，填绘划分为英云闪长岩、花岗闪长岩、二长花岗岩，并做了大量锆石U-Pb同位素测年，其年龄均在7亿~8亿年，确定为新元古代晋宁期花岗岩，首次发现和确定晋宁期花岗岩的存在和大面积分布，是由晋宁期华南板块与华北板块碰撞重熔岩浆而形成，将其划分为晋宁期荣成片麻岩套；该次区域地质调查还首次发现威海至乳山一带分布有高压麻粒岩带，并认为是苏北-威海造山带的西北边界；还首次发现并填绘出了荣成-威海地区大型韧性剪切带；发现了榴辉岩带从荣成向北延伸到威海而入海；根据大量变质变形晋宁期花岗岩、大型韧性剪切带、榴辉岩带、超铁镁质岩、高压麻粒岩紧密伴生并平行展布等特点，以及与安徽大别山地区对比研究，确定该带为华北、华南板块碰撞带组成部分，即秦岭-大别山-苏北-胶东碰撞造山带的东北延伸部分，称其为苏北-威海碰撞造山带或超高压变质带，对我国和山东大地构造划分具有重要意义。首次利用岩浆岩同源岩浆岩演化新理论和新方法对该地区花岗岩进行了调查和系统研究，将胶东地区中生代花岗岩按单元—超单元划分方法进行了划分研究，划分为三叠纪印支期文登超单元二长花岗岩、宁津所超单元正长岩，白垩纪燕山晚期伟德山超单元石英二长岩-二长花岗岩、槎山超单元正长花岗岩、崂山超单元正长花岗岩。并对各超单元花岗岩的形成时代、岩浆演化以及与多金属矿关系进行了研究和探讨，使胶东地区中生代花岗岩研究提高到一个新水平。

二、主持鲁东地区榴辉岩研究，使山东榴辉岩 研究达到国际先进水平

1992~1993年，王来明与中国海洋大学合作开展山东省鲁东地区榴辉岩专题研究，任课题负责人，独立编写了设计书，进行了野外地质调查研究，主编了《鲁东地区榴辉岩地质》科研报告。该次专题研究对榴辉岩的分布、产状、成因、形成时代以及其岩石、矿物、地球化学、成岩物理化学条件、变质作用进行了系统研究，对榴辉岩的形成时代有了新的认识，并首次在山东境内榴辉岩中发现微粒金刚石和自然金。研究认为，鲁东榴辉岩是秦岭-大别-苏北-胶东榴辉岩带北东段的组成部分，是华南、华北板块碰撞的产物，是碰撞接合带的重要标志。该区榴辉岩可分为地壳型、地幔型和岩浆结晶型三种类型，胶东地区以地幔型为主，而胶南地区既有地幔型又有地壳型。胶东地区榴辉岩富钙和镁，化学成分相当于大洋拉斑玄武岩，胶南地区榴辉岩富铁、钛、铝、钾，化学成分相当于洋岛玄武岩。鲁东地区榴辉岩是华北、华南之间海槽内辉长岩、拉斑玄武岩等岩石经过华北、华南板块碰撞挤压到地壳深部接近地幔的位置而形成，并在后期剪切机制下随花岗质岩石位移上来。鲁东地区榴辉岩形成时代为中新元古代，海西期—印支期经历了强烈韧性变形作用，并伴随构造作用发生侵位，210~320Ma是榴辉岩的变形年龄，105~190Ma是榴辉岩迅速抬升冷却的年龄。该次专题研究使山东榴辉岩地质研究达到了一个新水平。以程裕淇院士为主审的评审专家认为，该研究成果达到了国际先进水平。该研究成果参加了第三十届国际地质大会交流，引起国外有关专家的关注。

三、主持山东黄河下游流域生态地球化学调查，开创了山东省生态地球化学调查新局面，推进了山东省生态地球化学调查的全面开展

王来明为了拓展地质工作服务领域，积极向上级部门建议、汇报，2002 年促成了国土资源部与山东省人民政府合作开展了山东省黄河下游流域生态地球化学调查工作，并任项目总负责人。该项目首次运用地质学、地球化学、生态学、环境学等理论和新技术、新方法，对黄河下游流域土壤、地下水和农作物进行了系统调查研究，查明了黄河下游流域表层土壤、深层土壤 54 种元素地球化学背景和浅层地下水 21 项分析指标，获取 16 万件样品 70 余项元素 230 多万个地球化学数据。通过综合研究，查明了该区土壤和浅层地下水环境状况和污染特征，研究了土壤和浅层地下水环境质量与农作物及人类健康的关系，揭示了影响大宗农作物质量安全的生态地球化学安全隐患，发现了数处地方性地球化学病高发区，提出了防治对策。发现了十余万亩富硒土壤，圈定了一批绿色、特色、无公害农产品基地。查明了土壤养分元素丰缺现状，进行了区域土壤质量评价，提出了科学施肥的建议。发现黄河以北地区浅层地下水普遍存在铁、锰、镉、氟化物、氯化物、亚硝酸等污染，这几项元素对人体健康危害极大，已不能饮用，提出了解决这些地区安全饮水的建议，后续开展了深层找水打井安全饮水示范工程，解决了部分地区安全饮水问题。该项目摸清了黄河下游流域生态经济区土壤地球化学背景及土地质量状况，为土地资源利用、农业结构调整、农产品安全、发展特色农产品和绿色农产品、地方病防治、环境保护提供了基础地质资料和科学依据，对土地资源从数量管理向质量管护迈进起到了积极的推进作用，为建设高标准基本农田提供了科学依据，为黄河三角洲开发和治理做出

了重要贡献。该成果得到山东省政府高度重视和评价，省政府认为该项工作意义重大，并决定以该项目为标准和示范在全省范围内全面开展生态地球化学调查工作，该项目促进了全省生态地球化学调查工作。该项目成果获 2009 年度山东省科技进步一等奖。

四、主持山东省矿产资源潜力评价工作，取得重要成果

2008~2012 年，王来明任山东省矿产资源潜力评价项目负责人。经过 5 年的工作，矿产资源潜力评价取得了多项重要成果。编制了首张全省大地构造相图，编制了全新的重磁、化探、遥感、自然重砂系列成果图件。对全省煤、铁、金、银、铜、铅、锌等 23 个重要矿种进行了资源潜力预测，共圈定预测区 1124 个，其中铁 109 个、金 165 个。首次定区段、定深度、定量预测了各矿种资源量，预测铁矿资源量 74.99 亿吨、金资源量 4069 吨、煤炭资源量 245 亿吨。显示了山东省重要矿种的资源潜力巨大，摸清了矿产资源家底，为矿产资源勘查提供了重要依据，为经济发展提供了资源保障。提交了全省最新的矿产地、工作程度、重力、航磁、化探、遥感、自然重砂数据库。山东省矿产资源潜力评价工作在理论上取得了重大创新，首次采用独创的"矿产预测类型"、"矿产预测方法类型"指导全程预测工作。首次系统总结划分了山东省Ⅳ级、Ⅴ级成矿区带，山东省矿床成矿系列、亚系列、矿床式，山东省矿产预测类型谱系。在成矿规律总结、矿产预测、物化遥、自然重砂等方面取得了重大的创新成果。

矿产资源潜力评价成果得到了及时的应用，在找矿突破战略行动、危机矿山找矿、矿产资源勘查部署等方面发挥了重要的指导作用。

五、主持山东省地质系列图件编制与综合研究、区域地质志编写，重新厘定了山东地层、构造、侵入岩划分方案，取得了重要成果

王来明带领山东省区域地质志课题组，通过对山东省 20 多年来基础地质研究的总结研究，对客观存在的基础地质事实运用现代地学理论和精确测年结果重新认识，进行梳理，对存在的一些重大基础地质问题进行了野外调查和专题研究。以活动论观点，重新划分和厘定了区域构造、地层、侵入岩，编制了 1∶50 万山东省地质图、构造地质图、岩浆岩地质图、变质岩地质图、第四纪地质图等系列图件，建立了地质系列图件空间数据库，编写了《山东省区域地质志》。在以下几方面取得了重要进展。

在地层方面作了较深入的研究，对地层清理时存在的遗留问题和十多年来发现的新问题开展专题研究和同位素测年工作，从大的区域论证了不同断代的地层所产生的大地构造背景，根据地质演化史的阶段性和山东省的实际情况，划分出了中太古代—古元古代、中—新元古代、寒武纪—三叠纪、侏罗纪—古近纪、新近纪和第四纪等 6 个断代，按断代进行了地层分区，确定了分区边界，统一了地层单位名称，进行了多重地层划分对比研究。依靠新的可靠的同位素年代学数据对年代地层划分进行了修正，对山东省地层进行了重新研究和划分，将马家沟组升为群级岩石地层单位，共建立和厘定群级岩石地层单位 27 个，组级岩石地层单位 128 个，建立和完善了山东地层层序和地层系统。

对山东省侵入岩进行了系统总结，针对存在的重要问题进行了专题研究，对中新太古代变质深成岩和中生代花岗岩进行了重点研究，并作了大量的锆石 SHRIMP U-Pb 同位素测年。根据新的成果和认识，以时间为主线，以动态演化的构造单元为空间区带，以岩石类型和岩石组合为特征，系统总结了山东省岩浆岩的时空分布、成因与演化规律，对侵入岩期次进行了重新划分理

顺，以陆块聚散为主线深入分析探讨了岩浆演化与构造演化及陆块聚散旋回的关系。对全省侵入岩进行了划分归并，将太古宙变质变形深成岩归并为片麻岩套，将中生代具有同源岩浆演化特点的花岗岩归并为侵入岩序列，对其他在时间、空间上相近的侵入岩归并为侵入岩组合。系统理顺了山东省侵入岩划分方案，共划分了282个代表性岩体，归并为14个片麻岩套、16个侵入岩序列、8个侵入岩组合。

在构造方面，以板块构造学说为基础，以大陆动力学为线索，对全省的地质构造和演化进行了全面总结。划分出了5个构造阶段，按断代详细划分了构造单元，确定了分划边界，对不同单元的区域构造及大地构造的成因演化及时代进行了深入分析研究。将牟平-即墨断裂带（朱吴断裂）和五莲断裂作为胶南-威海造山带西北边界，将胶南-威海造山带归属扬子克拉通，确认其印支期造山。将山东省大地构造划分为二个Ⅰ级构造单元（华北板块、扬子板块）、4个Ⅱ级构造单元（华北坳陷带、鲁西隆起区、鲁东隆起区、苏鲁造山带）、11个Ⅲ级构造单元、30个Ⅳ级构造单元及114个Ⅴ级构造单元，建立了山东省大地构造格架。

六、主持矿产资源勘查和其他地质工作，取得重要找矿成果

2005～2007年，王来明带领项目组开展了山东省沂沭断裂带金矿调查评价工作，通过野外工作，认真分析研究区域地质成矿条件，综合分析研究沂沭断裂带的形成演化、构造特征、成矿控制作用、矿化蚀变以及物化探资料，部署了系统的勘查，首次在沂沭断裂带之沂水-汤头主断裂带上发现蚀变岩型和韧性剪切带型金矿，规模达中型，沂沭断裂金矿找矿取得重要进展，打破了沂沭断裂带深大断裂不能成矿的理论，为山东金矿找矿提出了新的方向，对整个郯庐断裂带金矿找矿研究具有重要意义。

2008～2013 年 2 月，王来明带领项目组开展了山东单县铁矿勘查工作，该项目在第四系厚覆盖区发现了隐覆大型铁矿，受到中国地质调查局高度重视，并以此将该地区列为国家铁矿整装勘查区。2010 年 12 月 12～15 日，中国地质调查局在该矿区召开了中国东部铁矿找矿成果交流会，对单县铁矿找矿成果给予了充分肯定和高度评价。

2005～2006 年，主持编写了"山东省自然科学向导丛书"之《探矿取宝（矿冶卷）》。"山东省自然科学向导丛书"是山东省委确定的科普丛书，《探矿取宝（矿冶卷）》对在社会上普及地质科学知识起到了很好的作用。

2005～2006 年，主持编写了《山东省地质勘查规划（2005～2010）》。

2006～2007 年，主持编写了《山东省重要矿产资源深部找矿纲要》。

2009～2012 年，主持编写了《山东半岛蓝色经济区和黄河三角洲高效生态经济区地质保障调查工作方案》、《山东省地质工作"十二五"规划》、《山东省地质找矿 358 计划》、《山东省找矿突破战略行动实施方案》等。

七、主持山东第一核电厂选址地质可行性研究，为山东核电厂建设做出了贡献

1994～1995 年，王来明担任山东第一核电厂工程初步可行性研究地质研究项目负责人，对山东半岛沿海进行了系统详细的野外地质调查，通过综合分析研究，选取了海阳县冷家庄、乳山市红石顶、即墨县山东头三处可供进一步开展可行性研究的初选厂址。

1997～1998 年，王来明担任山东省第一核电厂工程可行性研究地质研究项目总负责人，带领项目组开展了 150 千米半径范围的区域地质调查研究、邻近厂区区域地质调查研究、厂区详细地

质调查研究、厂区工程勘察等多项地质调查研究，经过大量细致的地质资料综合分析研究，认为海阳县冷家庄和乳山市红石顶地区地质结构稳定，无新构造活动，适合核电厂建设，并向山东核电建设领导小组提交了翔实可靠的基础地质资料和可行性地质报告，得到电力工业部、国家核安全局、山东省核电领导小组、中国核工业总公司的高度评价和充分肯定。主管部门根据项目组提供的地质资料，决定海阳冷家庄为山东核电厂首选厂址，乳山红石顶为山东核电厂第二厂址，目前两处核电厂都在建设中。为山东核电厂建设做出了贡献。

八、主持编制了《山东省地质勘查技术要求和项目管理规程》，规范了山东省地质勘查工作，统一了山东省地层、侵入岩、构造单元划分

在 2007~2008 年、2012~2013 年两个阶段，王来明带领项目组开展了《山东省地质勘查技术要求和项目管理规程》的编写工作。他们针对山东省地质调查工作实际情况和山东省地质构造特征，编制了区域地质调查、区域矿产调查、固体矿产勘查、煤炭地质勘查、地热资源地质勘查、天然矿泉水资源勘查、水文地质调查、工程地质勘查、环境地质调查、城市地质调查、海洋地质调查、地球物理勘查、地球化学调查、遥感地质调查、区域重砂测量、综合科研类项目、地质公园规划、地质勘查数据库建设等地质项目技术要求，从项目立项、设计编写、野外地质调查、野外验收、综合研究与成果编制各阶段，制订了具体的技术要求和详细的操作规程，规范了地质调查工作。同时针对以上各个环节制订了具体的项目管理办法，使地质调查工作和地质项目管理有章可循，规范了山东省地质调查工作。制订了地质勘查项目预算与竣工决算、地质勘查项目专项绩效评价办法、地质资料汇交的要求，对地质勘查项目的经济和社会效益制订了科学和详细的评价体系，首次制订了针对

财政专项资金地质勘查项目的评价标准，对提高财政资金地质勘查项目质量和成果起到了积极作用。同时，还根据山东省地层、构造、岩浆岩划分不统一的实际，经过广泛征求各方面意见，深入综合研究，制订了山东省地层、侵入岩、构造单元划分方案，使地质构造划分不统一的问题得到了解决，统一了山东省地质构造划分。该技术要求和管理办法规程被广泛使用，受到了山东地质科技工作者的好评。

九、白手起家，组建了一支省内领先、全国一流的公益性地质调查队伍，为地质事业发展做出了贡献

王来明满怀热心和对地质事业的责任心和使命感，不畏艰难，白手起家组建了山东省地质调查院，为地质事业发展做出了重要贡献。1999 年，全国地质勘查队伍体制改革，根据国务院关于地质勘查队伍体制改革的文件要求，各省都要成立承担基础性、公益性地质调查的队伍，山东省国土资源厅安排王来明负责组建山东的公益性地质队伍，即山东省地质调查院，当时只有王来明一个人，在一无人员、二无场所、三无经费的困难条件下，王来明以对地质工作的事业心和高度责任心，克服各种困难，夜以继日，全身心投入地质调查院的建设工作中。在组建过程中，山东省国土资源厅两次安排他到省厅任总工程师，由于地质调查院正在组建中，他不舍得中途离开，不舍得离开他一手创建的地质调查院，不舍得离开基层地质调查单位。他谢绝了省国土资源厅对他的安排，坚持留在基层一线工作，经过近十年的努力，终于建成一支年轻、精干、高素质的地质调查队伍，职工平均年龄35 周岁，党员占 70%，大学本科以上占 95%，研究生占 60%，高级职称占 45%。王来明十分重视队伍建设和发展，为队伍建设和长期发展制订了规划目标，制订了"团结、勤奋、求实、创新"的地调院精神和"建设一个好班子，建设一支好队伍，

建立一套好制度，营造一个好环境，取得一批好成果，建设一流地调院"的规划目标，建立了健全完善的规章制度和岗位职责。他不断加强队伍建设，提高了队伍综合素质，培养了一支团结勤奋、吃苦耐劳、敢打硬仗的队伍，并带领这支队伍承担了国家和山东省重要和重大的基础性、公益性地质调查项目，为地质事业发展做出了贡献，为山东经济和社会发展做出了重要贡献，使山东地质调查院成为全国一流的地质调查院。

山东省地质调查院 2009 年被授予山东省文明单位，被中国地质调查局评为能力建设评估 A 级单位；2011 年被授予山东省富民兴鲁劳动奖状，全国危机矿山接替资源找矿先进单位，国土资源部北方四省抗旱找水打井先进单位；2012 年荣获国土资源部青藏高原地质理论创新与找矿重大突破先进单位，全国地勘行业模范地勘单位；被中华全国总工会授予全国五一劳动奖状。

王来明热爱祖国，热爱地质事业，不怕艰苦，长期坚守野外地质调查一线。他为人谦虚，工作勤奋，善于钻研，勇于创新，学术严谨，学风正派，对地质工作兢兢业业，是山东地质学科带头人。

代表性论著

1. 王来明，宋明春，王沛成等. 2005. 苏鲁超高压变质的结构与演化. 北京：地质出版社

2. 王来明. 2007. 探矿取宝（矿冶卷）. 济南：山东科学技术出版社

3. 郑福华，王来明，杨恩秀等. 2014. 山东省地质勘查技术要求与项目管理规程. 济南：山东地图出版社

4. 王来明，王世进，宋志勇等. 2015. 山东省区域地质志. 北京：地质出版社

5. 王来明，宋彪，吴洪祥等. 1994. 山东榴辉岩的生成时代——单颗粒锆石^{207}Pb/^{206}Pb 年龄. 科学通报，39（19）：1788~1791

6. 王来明. 1994. 鲁东碰撞带的初步研究. 山东国土资源，1：100~108

7. 王来明. 1995. 鲁东榴辉岩基本特征. 山东国土资源, 2: 15~22

8. 王来明, 宋明春, 刘贵章等. 1996. 鲁东榴辉岩的形成与演化//第30届国际地质大会山东地质矿产研究集. 济南: 山东科学技术出版社, 39~50

9. 王来明, 宋明春等. 1996. 胶东威海—乳山麻粒岩相岩石的发现及初步认识. 中国区域地质, 3: 30~36

10. 王来明, 熊乐, 郭瑞鹏等. 2013. 山东沂沭断裂带中段金矿床地质特征及找矿方向. 黄金, 342: 21~24

燕长海

小　传

燕长海，河南省地质调查院教授级高级工程师，中共党员，1955年6月出生，河南省长葛人，现任河南省金属矿产成矿地质过程与资源利用重点实验室主任。1982年毕业于武汉地质学院，获矿产资源普查与勘探学士学位，1982年2月至1984年5月，在原河南省地质局地质七队从事铀矿找矿工作，任分队技术负责、助理工程师；1984年6月至1993年2月，在原河南省地矿厅地调二队从事铝土矿、铅锌矿、钼矿勘查及研究工作，任分队长兼技术负责，工程师、高级工程师，主持汝阳南部铅锌矿勘查、大比例尺矿产预测及全省铝土矿区划项目；1993年3月至2000年8月在河南省地矿厅地矿处任副处长，教授级高级工程师，从事矿产勘查技术管理工作，主持全省第二轮金银铜铅锌成矿区划、跨世纪工程鄂豫陕相邻区矿产勘查规划。2000年8月至今，在河南省地质调查院工作，任副院长兼总工程师，2006年起兼任河南省地矿局副总工程师。期间，2004年6月，获中国地质大学（北京）矿物学、岩石学、矿床学博士学位。2004年获国务院政府特殊津贴，2010年获"全国优秀科技工作者"

称号，2011 年被评选为"河南省十大科技领军人物"。中国岩石矿物地球化学学会应用地球化学专业委员会委员，河南省地质学会常务理事，《地质及调查与研究》杂志编委。自 2007 年起任中国地质大学（北京、武汉）兼职教授、博士生导师，中科院广州地球化学研究所客座研究员、博士生导师，培养硕士研究生 10 余名、博士研究生 5 名。

参加工作 30 余年来，长期奋战在野外地质一线，先后在河南、新疆、西藏及非洲津巴布韦和刚果（金）开展矿产勘查和研究工作，主持完成省部级大型以上找矿勘查、科研项目 20 余项，发现铜铅锌、银、钼、铁、铝等重要矿产大型以上矿床（矿产地）18 处，主笔撰写报告 21 部，出版专著 5 部，发表学术论文 90 余篇，多项成果经鉴定达到"国际先进水平"。获国家科技进步特等奖 1 项（R43）、国家科技进步二等奖 1 项（R3）、省部级科学技术一等奖 4 项（2 项 R1、1 项 R2、1 项 R6）。

主要科学技术成就和贡献

一、提出并建立了较为完整的华北陆块南缘（东秦岭）铅锌银成矿系统和矿床组合模型，为区域成矿学发展和大陆边缘找矿突破做出了贡献

东秦岭是一个世界级钼金矿业基地，探明和开发钼矿资源量占全国第一，金矿在全国占重要地位。铅锌矿仅为一些小矿，探明资源/储量有限。随着矿产资源的强力开发，已有资源迅速消耗，从 20 世纪 90 年代开始，大多数铅锌矿山濒临资源危机，甚至关闭。对于地处中原的国家级矿产资源基地，如何实现新一轮铅锌银矿找矿突破，是一个重要的科学技术问题。中国地质调查局和河南省国土资源厅自 1999 年起开始设立"河南卢氏-栾川

地区铅锌银矿评价"等一批科研和调查评价项目。但是在立项的开始阶段就充满了争议与挑战。因为区内栾川钼矿是 20 世纪 60~70 年代发现并勘查的，探明钼储量数百万吨，是我国乃至世界钼矿主要产地之一，也是河南省钼钨多金属矿勘查和研究程度最高的地区之一。同时，在栾川地区已发现的铅锌银矿仅仅是燕山晚期花岗斑岩体周围裂隙中的铅锌矿，多数专家认为是"毛毛矿"、"不成气候"，本区矿产勘查工作程度较高，开展铅锌银找矿工作的风险和难度都很大。

燕长海作为豫西南地区铅锌银矿成矿规律与调查评价项目总负责人，通过对区内资料的系统收集和认真分析研究，认为豫西南地区所处大地构造位置独特，中-新元古代碎屑岩-碳酸盐岩沉积建造和早古生代火山沉积建造发育，具备形成大—超大型铅锌银矿的成矿地质背景。加上近东西向和北（北）东向构造发育，岩浆活动非常频繁，特别是与成矿关系密切的燕山期中酸性岩体广布全区，岩石蚀变分带清楚；铅锌银地球化学异常发育，具有规模大、强度高、套合好等特点；铅、锌、银、金矿（化）点星罗棋布，成矿地质条件极为优越。但目前已发现的铅锌矿化规模和矿化类型与全省规模最大、强度最高的栾川铅锌银化探异常并不相称。基于此认识，燕长海首次将区内铅锌银成矿划分为中—新元古代被动大陆边缘成矿系统、古生代活动大陆边缘成矿系统和中生代陆内碰撞成矿系统，提出赋存于中元古代官道口群碳酸盐岩内的铅锌矿为 MVT 铅锌矿床、赋存于新元古代栾川群细碎屑岩-碳酸盐岩内的铅锌矿为 SMS 型铅锌矿床、与早古生代二郎坪群火山-沉积建造有关的铁铜（铅锌）矿为 VMS 型矿床的新认识。

1. 查明东秦岭造山带钼铅锌银矿时空分布规律，首次提出豫西南地区钼铅锌银矿化网络和区域成矿谱系新认识，作为找矿的理论依据

通过全面收集、补充该区钼铅锌银矿床同位素年龄资料和地质地球物理测量成果，分析研究华北陆块与秦岭造山带的构造演化，探讨深部构造对区域钼铅锌银成矿的控制作用，发现尽管豫西南地区钼铅锌银金等金属矿床在空间和时间分布上表现出明显的不均匀性，空间上在各级次成矿区带中均有分布，但按照一定规律而相对集中，具有沿着主要含矿地层层位展布和围绕燕山期斑岩体分布两个明显特征，并在一定区域内形成矿集区或矿化集中区，成矿时间上则从晚元古代到中生代多期、次成矿，而在中生代燕山晚期相对集中，大规模成矿，并对早期层控型铅锌银矿进行了大规模改造定位，使得燕山期以前的成矿标志被掩盖殆尽，加之早期铅锌银矿成矿时代的确定技术不完善，这给他们进行成矿规律的研究、成矿（系统）系列的划分带来前所未有的困难。要在"老区"取得找矿"新突破"，必须要有新认识，用新理论指导找矿勘查。在此背景下，他们总结提出了豫西南地区钼铅锌银矿化网络和区域成矿谱系新认识，并在找矿勘查工作部署中起到了关键的指导作用。

（1）提出豫西地区钼铅锌银矿化网络。

根据三期矿化的分布特点，开展构造分析和成矿作用研究，发现南北向构造体制受到东西向构造体制的叠加而导致豫西地区地层和主构造线均沿北西西向呈带状展布，北东向构造线叠加其上，燕山期斑岩体和有关钼铅锌银矿以"串珠"状沿两组构造的节点或主构造线呈规律性分布。结合地球化学和地球物理异常特征所反映的深部矿化信息，提出了钼铅锌银矿化网络概念，其空间分布的基本样式为北西西向与北东向交织的格子状，北西向反映主要含矿地层（矿源层）的展布和地球化学异常；北东向则是燕山期斑岩体的"串珠"现象、深部地质构造；结点往往有矿集区、大中型矿床的分布，大致由"5横9纵"14条矿化网络构成，进而在豫西地区圈出了15个矿集区、25个找矿靶区，为进一步找矿工作部署提供了科学依据。

（2）建立了豫西南地区钼铅锌银多金属区域成矿谱系。

通过百炉沟、赤土店、冷水北沟等矿床稀土元素和同位素、流体包裹体地球化学研究，认为铅锌、硫等主要成矿元素可能来源于地层和后期侵入的岩浆岩体，中—新元古代、早古生代和中生代存在三个重要的成矿期，中—新元古代奠定了铅锌银成矿的基础，早古生代变质与变形活动使主要矿体进行了重新定位，而燕山晚期中高温成矿流体的加入对矿体进行普遍强烈改造。在对豫西南地区铅锌银成矿演化规律进行研究的基础上，首次建立了豫西南地区钼铅锌金银区域成矿谱系，即纵向上早期成矿以有色金属铅锌及黑色金属铬、铁、锰为主，逐渐向贵金属金、银成矿方向发展演化，钼（钨）爆发式成矿对早期形成的金、银、铅锌矿产生巨大影响；横向上，3个主要构造成矿单元早期铅锌银铜成矿与晚期钼、金、银成矿具有相同的演化方向，即成矿时间由华北陆块南缘向北秦岭造山带推移。

2. 建立了大型矿集区尺度的钼铅锌银多金属矿床组合模型，指导矿集区内部和深部开展找矿评价

矿床模型是矿床形成过程的高度浓缩，也是找矿勘查一种有效的地质技术。含矿岩体不仅可以指示出成矿的构造环境，而且是地质找矿的重要目标。地质、地球物理和地球化学多种技术的有效结合是找矿勘查实现重大突破的重要途径。

根据豫西南地区钼铅锌银矿成矿类型具有多样性特点：主要有斑岩-矽卡岩型钼（铜钨）矿、脉状（薄脉）状铅锌银（金）矿、层控型（铜）铅锌银矿（MVT 型、SMS 型或 SEDEX 型、VMS 型），甚至在同一个矿集区内部，也会出现多种类型的铅锌银矿并存的现象。通过研究发现其中的脉状铅锌银矿与斑岩钼矿具有明显的时空关系和成因联系，而且互为找矿指示。以栾川矿集区和付店矿集区为代表的钼铅锌银矿床组合分别形成于晚侏罗世-早白垩世（148~137Ma）和白垩纪中期（125~114Ma），矿床地质地球化学特征指示出成矿物质分别来源于壳幔混合和壳源，但两类矿床组合成矿过程中存在两种相同方式：其一由于岩浆侵位及其结晶分异和成矿，受温度和物化条件的制约，出现了以岩体为中心的成矿物质和温度梯度分带；其二由于热源出现而形成对流循环系统，流体从几千米至十多千米尺度的对流和迁移，并从碳酸盐质岩石以及火山岩和陆源碎屑岩中萃取铅锌银等成矿元素进入流体系统，然后迁移到适宜的构造部位，如断裂膨大、拐弯或交汇处等卸载成矿。

但是，较早形成的层状铅锌银矿被古生代变质变形特别是中生代斑岩-矽卡岩钼钨矿成矿的强烈叠加改造。通过成矿流体和成矿物质研究，提出了钼铅锌银多金属矿床组合新模型。该模型不仅对于发现和探明的栾川矿集区具有重要作用，而且对于我国中东部地区开展同类型矿床的找矿评价具有普适性。

（1）首次在豫西南地区（华北陆块南缘）发现和评价了层控型铅锌银矿（MVT 型、SMS 型），在本地区矿床成因认识上有重大创新，是取得找矿突破的关键因素。

本次工作在对豫西南地区（华北陆块南缘）地质、矿产、物探和化探资料进行综合分析研究的基础上，认为区内分布的中元古代官道口群碳酸盐沉积建造和新元古代栾川群碎屑岩-碳酸盐岩沉积建造，具备形成层控型铅锌银矿床（MVT 型、SMS 型）的成矿地质背景条件。结合成矿动力学机制分析，将区内铅锌银成矿归为中—新元古代被动大陆边缘成矿系统和中生代陆内碰撞成矿系统。通过对本次发现和评价的百炉沟、赤土店等矿床重点解剖，首次提出了赋存于中元古界官道口群龙家园组和冯家湾组台地碳酸盐岩（主要为白云岩）建造内的百炉沟等铅锌银矿为密西西比河谷型（MVT）铅锌银矿床、赋存于新元古界栾川群煤窑沟组碎屑岩-碳酸盐岩建造内的赤土店等铅锌银矿为喷流沉积（SMS）-叠加改造型块状硫化物铅锌银矿床，在矿床成因认识上有重大创新。这一发现不仅丰富了河南省铅锌银矿床类型，而且明确了在区域上寻找铅锌银矿的找矿方向和目标。

豫西南地区（华北陆块南缘）自西向东分布的官道口群碳酸盐岩、栾川群碎屑岩-碳酸盐岩主要含矿地层长 300 余千米，宽 10~30 千米，航磁异常、铅锌银元素异常和矿床（点）成群集中、呈带展布，这种特征反映了层控型铅锌银矿的空间分布规律，揭示出区内唯一找矿潜力很大的层控性铅锌银成矿带。

（2）沙沟、银洞沟等薄脉型富银铅矿的发现和评价，进一步拓宽了找矿思路，证实了该类型银铅矿的经济价值。

在北秦岭湍源地区通过银多金属化探异常查证发现了与小寨组变碎屑岩有关的银洞沟、东山洼两处银矿产地，矿（化）体严格受蚀变构造破碎带控制，大多呈环带状分布于松垛隐伏岩体周边，矿体延长及延深均较大，品位高而厚度较小，呈明显的较稳定的脉状产出，属于薄脉型富银矿，矿体深部常与糜棱岩带有关，形成于燕山期后造山阶段挤压体制下，深部有花岗岩体提供热源及部分成矿物质，地表形成明显的银、金、铜等化探组合异常，伴有磁异常和激电异常。

在华北陆块南缘铁炉坪银矿外围铅锌银矿调查评价过程中，发现了洛宁县沙沟银铅矿床，单矿体呈薄脉状产出，平面上呈一组近平行的雁行式排列、密集分布，脉型银铅锌矿矿体受绿岩带、重熔花岗岩体及构造断裂（糜棱岩）带的综合控制，成矿具有多阶段性，主成矿期为燕山晚期，成矿热液具有活动的多期性，成矿物质来源除岩浆热液外，还有部分来自太华群老变质岩。与北秦岭造山带湍源地区的银矿相比，两侧均伴有明显的铜钼矿化，地表铜矿化连续性较好，深部有隐伏花岗斑岩体存在。

银洞沟、沙沟银铅矿等矿产地的发现是国土资源大调查实施以来，在东秦岭造山带内继破山银矿、铁炉坪银铅矿后又一项找矿重大发现，经过进一步商业勘查开发，确认了该类矿床具有中大型矿床规模，具有重要的工业利用价值，并取得了显著的经济效益。

3. 矿床模型–地球物理–地球化学–探矿工程技术集成，探索出了寻找钼铅锌银矿的有效技术方法组合

首先运用所建立的大型矿集区尺度的斑岩钼（钨）矿–铅锌银矿床组合模型，在栾川矿集区南泥湖钼（钨）矿田外围预测出铅锌银找矿远景区，在找矿远景区开展大比例尺重砂、水系沉积物地球化学测量和航磁异常的综合分析研究，逐步缩小找矿靶区；然后，采用大比例尺土壤剖面测量和地质填图，结合激电中梯测量、激电测深成果圈定含矿地质体；进而，经钻探、坑探深部工程验证，发现和揭露隐伏矿体，提交铅锌银矿资源量和矿产地。

经长期反复的试验研究，从杨寺沟、汤池沟两个靶区的找矿失败，再到冷水北沟、赤土店、百炉沟等靶区的找矿成功，经历了漫长的发现和评价过程，逐步探索出了一套寻找钼铅锌银矿的有效技术方法组合：斑岩型钼矿采用航磁+重砂+水系沉积物测量+大比例尺土壤化探+地质填图+工程验证方法组合，对于脉（层）状铅锌银矿则采用大比例尺水系沉积物或土壤测量+地质填图+激电中梯+激电测深+工程验证方法组合。应用该技术方法组合，在卢氏-栾川地区、嵩县、方城等地区取得了明显的找矿效果，证实了该技术方法组合是经济有效的。

经过长达 9 年的科技攻关和找矿评价工作，共提交新发现矿产地 17 处；其中，超大型矿产地 1 处，大型矿产地 8 处。使原来的物化探异常变成了找矿靶区、当初的"毛毛矿"变成了河南省重要铅锌银矿产地，填补了河南省超大型铅锌银矿产地的空白。提交的 25 处找矿靶区，为河南省铅锌银矿进一步找矿勘查工作部署指明了方向，在此成果基础上，中国地质调查局和河南省国土资源厅规划部署"十一五"及 2010~2015 年地质找矿、科研工作项目几十项。

二、突破传统成矿认识，首次提出河南省新的铝土矿成矿理论，创新建立了寻找隐伏铝土矿的有效技术方法组合，实现了铝土矿找矿的重大突破

传统观点认为河南省铝土矿是含铝岩系经表生富集形成的，深部无规模性富铝土矿存在。这种认识严重制约了河南省（以及山西省）铝土矿的深部找矿工作。燕长海等以华北陆块南部的豫西陕县-新安一带为突破口，取得了一批重要成果。

通过大量野外实地调查、典型矿床的解剖和综合分析研究，

首次提出河南省铝土矿成矿理论为"风化残积+碎屑与胶体沉积成矿",即①成矿环境为海相潟湖潮坪-沼泽环境,②铝土矿形成分为初期形成和后期保存两个阶段,③成矿物质以铝硅酸盐风化物为主,④成矿物质以机械形式为主进行搬运和分异,⑤成矿作用主要为同生沉积作用,⑥成矿沉积类型以碎屑沉积为主。这一认识不仅丰富了河南省铝土矿成矿学研究内容,而且明确了进一步的找矿方向,大大拓展了铝土矿的找矿空间。

首次将可控源音频大地电磁测深(CSAMT)技术应用于河南省中深部覆盖区铝土矿找矿,创新建立了一套在覆盖区寻找铝土矿经济有效的勘查技术方法组合,即以露头地质调查和高精度重力测量缩小找矿靶区,以大比例尺遥感地质解译和地面地质填图查明找矿靶区内的成矿地质条件,应用可控源音频大地电磁测深法确定含铝岩系埋藏深度及底板起伏特征,以优选成矿有利地段并确定验证靶位,最后通过钻探工程验证提交铝土矿产地和资源量。

在新的铝土矿成矿理论指导下,运用所建立的覆盖区寻找铝土矿经济有效的勘查方法技术组合,通过7年多的艰苦努力,累计提交大型以上铝土矿新发现矿地4处、铝土矿石资源量2.5亿吨。

三、建立并提出了西藏念青唐古拉山地区晚古生代海底喷流沉积铅锌矿成矿系列和成矿模式,采用先进有效的技术方法组合,在西藏念青唐古拉山地区铅锌多金属找矿勘查中取得了重大突破

西藏念青唐古拉山地区人迹罕至,自然条件十分恶劣,地质工作难度非常大,燕长海和他的同事克服了种种难以想象的困难,突破了极限,取得了一系列新成果。

1. 成矿规律研究和成矿理论创新,为区内找矿提供理论支撑

通过在工作区开展大规模区域性地质矿产调查评价和矿床成

矿系列研究，全面系统地分析、研究了区内地质、矿产、物探、化探、遥感等地质特征，提出了当雄-嘉黎一带构造演化为由晚古生代的断隆、断坳相间分布的地质构造格架至中生代转换为新特提斯构造背景下的岩浆弧和弧后盆地的新认识。在充分收集、研究区内地质、矿产、物探、化探、遥感等资料基础上，系统总结了区域铜铅锌多金属矿找矿标志及成矿规律，建立铜铅锌多金属矿综合信息找矿预测模型，将工作区划分6个Ⅳ级成矿带，即亚贵拉-龙玛拉断坳、昂张-拉屋断坳、由拉沟-江嚓松多断坳铜铅锌多金属矿带和与燕山晚期中酸性岩浆岩活动关系密切相关的扎雪-金达、都朗及尤卡朗-同德岩浆岩钼铅锌多金属矿带；圈定5个矿化集中区，即亚贵拉钼铅锌多金属矿集区、扎雪铅锌多金属矿集区、拉屋铜铅锌多金属矿集区、尤卡郎银铅锌多金属矿集区、昂张铅锌多金属矿集区。首次提出研究区的两大成矿系列——晚古生代海底喷流沉积铜-铅-锌-重晶石-石膏矿床成矿系列和与燕山晚期中酸性侵入岩浆活动有关的钨-钼-铜-铅-锌-银矿床成矿系列，建立了工作区热水沉积-岩浆热液叠加改造成矿模式。研究指出工作区主攻矿种为铜、铅、锌、银矿，主要找矿类型为层控型铅锌多金属矿和热液（矽卡岩）型铜铅锌多金属矿，层控型铅锌多金属矿赋存于断坳内的来姑组碎屑岩-碳酸盐岩建造中，热液（矽卡岩）型铜铅锌多金属矿则分布于断隆带岩浆岩外接触带的矽卡岩、角岩中或0~3km范围内的次级断裂破碎带内，为进一步找矿指明了方向。这一创新性成果不仅丰富了研究区铜铅锌银成矿理论，而且明确了研究区找矿方向和目标。

2. 建立大型矿集区尺度的铜铅锌多金属矿床组合模式，作为矿集区内部开展找矿评价的理论基础

在全面收集研究区已有的地质、矿产、物探、化探、遥感资料基础上，从研究区成矿地质背景分析入手，综合地质异常、物化遥异常信息，从近2万km²的区域内筛选成矿远景区，并通过异常查证，逐步缩小找矿靶区，确定含矿地质体，择优进行钻探工程验证。采用补充地质调查、成因矿物学、稳定同位素、矿物包裹体及原生晕测试研究等手段，对区内新发现的典型矿床进行研究，分析了不同类型矿床的主要控矿条件和找矿标志，总结了区域铜铅锌多金属矿找矿标志及成矿规律，进一步提炼成为区域矿床组合模式，建立了多金属矿综合信息找矿模型。该找矿预测模型和成矿模式不仅对于发现和探明本次工作区具有重要作用，而且对于整个冈底斯地区开展同类型矿床的找矿评价具有重要的指导意义。如金达找矿靶区应用热水沉积−岩浆热液叠加改造成矿模式在亚贵拉发现热水沉积岩和矽卡岩蚀变，然后通过地质填图配合大比例尺物化探剖面测量，发现赋存于火山碎屑岩与碳酸盐岩过渡部位的热水沉积−岩浆热液叠加改造型铅锌多金属超大型矿床。

3. 成矿理论−评价技术集成−探查工程的有效结合，实现环境保护与资源调查的统一，是找矿勘查的重大突破

以成矿理论为指导，针对不同类型矿床，按照矿床模式，提出找矿思路和方向，同时根据具体地质特征和岩石（矿石）的物性特征，建立有效的找矿技术方法组合，开展成矿预测和区域找矿评价研究，通过反复试验探索，结合找矿勘查部署，进行工程验证和控制。经过 8 多年的探索，他们总结提出念青唐古拉山地区科学找矿勘查程序。即在充分收集研究区内已有的地质、矿产、物化遥资料基础上，运用"3S"技术优选成矿远景区；在优选的成矿远景区开展以 1：5 万化探扫面，进一步缩小找矿靶区。通过异常查证及矿点检查发现矿点、矿化点及找矿线索，选择有一定规模和远景的矿点开展普查评价，对主要矿体用探矿工程（钻探）验证，提交新发现矿产地和（333+334）资源量。提炼的找矿技术方法组合为："3S"技术+水系沉积物测量优选及缩小找矿靶区，大比例尺地质填图+土壤化探、激电剖面测量定位含矿地质体，工程验证圈定矿体。

通过此轮科技攻关和找矿评价，充分发挥了成矿模式和勘查技术方法组合优势，推动工作区找矿勘查取得重大突破。在成矿远景区圈定 Cu、Pb、Zn、Au、Ag、W、Mo、As、Sb、Mn 等单元素地球化学异常 921 处，归并综合地球化学异常 129 处，圈定找矿靶区 39 个，先后提交拉屋、亚贵拉等新发现超大—大中型矿产地 6 处，其中超大型矿产地 2 处、大型 2 处。共获得资源/储量：铅锌 737.45 万吨，品位 8.40%；银 8332.21 吨，品位 170.36 克/吨；铜 42.13 万吨，品位 1.03%；金 10.96 吨。其中查明的资源/储量：铅锌 171.58 万吨，银 1984.58 吨，铜 4.09 万吨。

同时，提交的 39 处找矿靶区，为进一步找矿勘查部署工作指明了方向，国家在此成果基础上相继安排找矿勘查、科研项目 10 余项。

四、坚持基础地质先行，快速找矿评价，在新疆西昆仑地区实现了铁、铅锌多金属找矿勘查的重大突破

新疆西昆仑地区山高坡陡，高寒缺氧，地质矿产工作程度极低，但是根据对燕长海团队完成的 1∶25 万区域地质调查成果的综合分析研究，认为该区成矿地质条件良好，找矿远景极大，并及时提出了具体的找矿靶区。为了尽快实现找矿突破，燕长海围绕立项策划、设计论证、野外实施和综合研究等关键技术工作，多次到海拔 4800 米以上的远景区野外实地调研，又一次打破了生命极限，从开始发现磁铁矿线索，到完成第一轮区域矿产评价，经过 7 年时间的艰苦努力，他们终于发现并初步评价了新疆塔什库尔干县欠孜拉夫 VMS 型铜铅锌矿，乔普卡里莫、老并、吉里铁克沟等"鞍山式"磁铁矿等 5 处有重要找矿价值的矿产地，构成两条巨大的成矿带，初步提交铜铅锌矿资源量 85 万吨、磁铁矿石资源量 3 亿多吨，同时圈定出一批有进一步工作价值的找矿靶区，远景资源量超过 50 亿吨，

为今后进一步找矿勘查指明了方向，拉动了数十亿的中央、地方地勘基金和商业性勘查资金的后续勘查投入，其中乔普卡里莫矿产地已建成矿山生产。该地区已被确定为 19 个重点成矿区带之一，并随着后续勘查开发工作投入，初步形成国家级铁矿勘查开发基地。所在地区喀什市已被国家批准建设经济特区，将建成我国重要的钢铁基地。

五、在豫西成矿带栾川矿集区率先开展了深部找矿的探索工作，提出了不同尺度深部找矿的工作思路和方法技术，推动了栾川整装勘查区的深部找矿突破

豫西栾川矿集区是中国的钼钨铅锌多金属矿产基地之一，大多数矿区都完成了勘探，处于开发之中，但是区内探明的资源量的埋深基本上未超过 500 米，但是对该区以往工作资料的综合分析表明区内资源量丰富，因而在区内"攻深找盲"仍具有巨大潜力。但是由于国内深部找矿工作处于起步阶段，且大多数深部找矿基本上集中在危机矿山进行，在矿集区范围内的深部找矿则相对较少。为了发挥河南省地质调查院找矿先锋的作用，促进豫西地区的深部找矿快速突破，燕长海和他的团队在前期大调查成果的基础上，通过近年来在栾川地区开展的勘查和研究项目，在栾川矿集区开展了深部找矿探索工作，为矿集区深部找矿提供了指导。

六、总结出了成矿区（带）尺度上实现快速找矿突破的有效技术方法组合

首先，利用成矿区（带）已有中比例尺（1：20 万）地质、物探、化探、遥感和矿产勘查资料，采用计算机技术和数学方法定量圈定出矿（化）集中区尺度的找矿远景区；其次，在优选

出的矿（化）集中区开展 1：2.5 万比例尺的地质填图、高精度重力测量和高精度磁法测量，以此为基础，运用"数字地质计算+地质知识推理+重磁正反演"组合方法建立矿集区尺度的三维地质矿产模型并开展立体预测，圈定出矿床（体）尺度的找矿靶区；第三，在优选出的找矿靶区内开展大比例尺地质、可控源音频大地电磁测量、构造裂隙化探、SIP、高精度重力和高精度磁法剖面性测量，圈定隐伏含矿地质体的形态、产状和空间分布位置，提出钻探工程验证的靶位。该方法技术组合不仅在刚刚完成的"河南杜关-云阳地区钼铅锌多金属矿评价"项目中准确预测出隐伏含矿地质体的位置，而且在正在实施的"河南栾川县冷水-赤土店钼铅锌多金属矿深部预查"项目中再次证明了其有效性。

大比例尺面积性重磁测量为深部找矿提供了重要的信息。首次在豫西中高山区开展了矿集区尺度（500km²）的 1：25000 地面高精度重力和地面高精度磁法测量试验工作，结合区内地质调查和矿产勘查成果，较准确地推断了与钼（钨）成矿有关的隐伏含矿侵入岩体的形态、产状和空间展布特征以及隐伏的断裂构造，编制出了与成矿有关侵入岩体的顶面埋深等值线图和推断的断裂构造图，对栾川矿集区开展了初步预测，快速圈定出了矿床（体）尺度的找矿靶区，为矿集区整装勘查工作部署提供了依据。

为进一步确定与成矿有关的隐伏地质体的空间位置、形态和产状以及含矿性，燕长海团队根据 1：2.5 万地面高精度磁法和高精度重力测量推断的成果，结合地质和地球化学测量资料选定鱼库找矿靶区内的 0 线，开展了可控源音频大地电磁测深（CSAMT，点距 50m）、频谱激电测量（SIP）和构造裂隙化探测量工作，综合分析后圈定出了深部隐伏的成矿有利地段，并提出了钻探工程验证的靶位。经验证，均在相应位置见到了富厚的钼（钨）矿体，取得了良好的找矿效果。

七、探索出了矿集区、矿床（体）不同尺度含矿地质单元三维地质模型建立的途径和方法技术，并对深部进行了立体定量预测，提出了几个新的找矿靶区

通过试验研究，提出了矿集区尺度的三维地质模型建立的技术流程为：首先，收集与整理栾川矿集区内已有地质、矿产、地球物理、地球化学和遥感以及野外实测数据和测试数据，在同一三维坐标系统内，运用"地质知识推理+构造地球化学分析+重磁正反演"集成方法开展三维地质模拟研究；在此基础上，进一步运用多重分形、虚拟钻孔、虚拟剖面等技术方法，建立矿集区三维地学信息数据库并建立三维地质模型（包括三维地质结构模型和三维属性模型），以推断矿集区内无深部工程控制地区深部含矿地质体的形态、产状。将三维地质建模由矿床（体）尺度拓展到了矿集区尺度，对于"整装勘查"和深部找矿具有重要的指导意义。

以已建立的矿集区三维地质模型，进一步构置、筛选和优化三维致矿异常信息（变量），利用概率神经网络与分形法，以"分层式"和"集成式"两种综合定量评价模型集成地学致矿异常信息，运用多重分形方法计算阈值进行立体定量预测，进一步圈定出斑岩-矽卡岩型 Mo（W）矿与层控型和脉状型 Pb-Zn-Ag 矿矿床（体）尺度的有利找矿靶区 34 个。为开展隐伏矿床（体）深部找矿预测工作提供了依据。

在对栾川矿集区开展矿集区尺度的三维地质建模和立体预测的基础上，选定鱼库钼钨铅锌找矿靶区开展了矿床/体尺度的三维建模和立体定量预测评价研究，总结出了矿床/体尺度的三维建模和立体定量预测的技术流程：收集与建立地学空间关系基础数据库→建立致矿信息解译标志与成矿模式、圈定致矿异常体→建立解译与推测的地学空间关系数据库→处理集成矿体尺度三维

地质模型→修正三维地质模型（条件约束与工程验证）→立体定量预测评价。进一步缩小并圈定出了找矿有利地段，提出了钻探工程验证建议，为后续的矿产勘查工作部署提供了依据。

通过成矿年代学、矿床地球化学研究，厘定了区内钼多金属矿的成矿年龄，结合控矿岩体的定年结果和钼多金属矿床特征，总结出区内钼多金属矿的成矿规律为分别以南泥湖（南泥湖矿田）和鱼库（黄背岭-石宝沟矿田）斑岩型钼矿床为中心，向外依次过渡为矽卡岩型钼多金属型矿床和层（脉）状铅锌银矿床，成矿时代依次变新，矿物组合和蚀变类型有高温向低温变化，成矿流体由高温高盐度向低温中低盐度演化，反映区内钼多金属矿的成矿一致性。

截至目前，燕长海主持提交大型—超大型新发现矿产地 18 处，提交（333）+（334）资源量铅锌 2054.59 万吨、银 29352.77 吨、铜 57.23 万吨、金 16.1 吨、钼 60 万吨、煤炭 13.4 亿吨、铁矿 4.7 亿吨、铝土矿 2.5 亿吨，潜在经济价值 24000 多亿元以上。已提交的矿产地全部被后续勘查开发利用，经济效益十分显著，社会效益良好，开采较集中的栾川地区矿业产值已达 200 亿元以上，利税 15 亿元，安排 30000 余人就业；开发经济效益最好的沙沟矿产地 4 年实现收入 22.9 亿元，利税达 12.6 亿元。

代表性论著

1. 燕长海，曹新志，张旺生等. 2012. 帕米尔式铁矿床. 北京：地质出版社

2. 燕长海，刘国印，彭翼等. 2009. 豫西南地区铅锌银成矿规律. 北京：地质出版社

3. 燕长海，高廷臣，王亚平，吕宪河等. 2012. 新疆塔什库尔干-莎车铁铅锌多金属矿评价报告

4. 燕长海，彭翼等. 2007. 东秦岭二郎坪群铜多金属成矿规律. 北京：地质出版社

5. 李俊建，燕长海等. 2006. 华北陆块主要成矿区带成矿规律和找矿方向. 天津：天津科学技术出版社

6. 燕长海. 2004. 东秦岭铅锌银成矿系统内部结构. 北京：地质出版社

7. Du Xin, Yan Changhai, Chen Junkui, et al. 2012. Discovery of Yaguila Pb–Zn Polymetallic Deposit in Tibet: A Successful Case of Geochemical Prospecting. Advanced Material Research, 524~527, 278~284.

8. Yan Changhai, Liu Guoyin, Song Yao Wu, et al. 2005. Discussion on the Ore-forming of Bailugou MVT Type Lead-zinc Deposit in Southwestern Henan, Margin of North China Block and Origin of Mineral Composition. THE PROCEEDINGS OF THE CHINA ASSOCIATION FOR SCIENCE AND TECHNOLOGY, 08: 94~99

9. Yan Changhai, Chen Tieling. 1991. The Preliminary application of fuzzy Markov process in geology. Henan Geology, 9（3）：61~86

10. 燕长海、陈曹军、曹新志等. 2012. 新疆塔什库尔干地区"帕米尔式"铁矿床的发现及其地质意义. 地质通报，31：549~557

刘鸿飞

小　传

　　刘鸿飞，西藏自治区地质调查院地矿高级工程师，中共党员，1963 年 1 月出生，男，汉族，重庆市涪陵区人。1983 年 11 月毕业于昆明地质学校地质找矿专业，2002 年 6 月毕业于成都理工大学地质矿产开发专业（函授），2004 年 12 月毕业于中央党校函授学院经济管理专业（函授），2011 年 6 月获中国科学院广州地球化学研究所构造地质学博士学位。1984 年 1 月至 1994 年 3 月，在西藏地矿局区域地质调查大队工作，先后从事 1:100 万日土幅、噶大克幅区域地质调查，成为填补我国陆地最后地质空白的区域地质调查队的一员；1986 至 1994 年，投入了西藏首批 1:20 万拉萨幅、曲水幅区域地质调查工作，是图幅主要贡献者。1994 年 4 月，调西藏地矿厅地勘处任区调主管，从事区调、科技管理工作；1995 年，破格晋升地质矿产工程师；1999 年，破格晋升地质矿产高级工程师；2001 年 7 月，任西藏自治区地质矿产勘查开发局地勘处副处长、兼任地调院副院长、西藏地质学会秘书长；2003 年 8 月起，先后任西藏自治区地质调查院副院长、常务副院长、院长。2015 年 7 月，任西藏地勘局副总工程师、西藏地质学会理事长；2016 年 7 月任西藏自治区国土资源厅党组成员、总工程师、高级工程师。

撰写专著 5 本，发表论文 20 余篇。获得国家科技进步特等奖一项（R17），省、部级一等奖三项（R3、R3、R4）、二等奖三项（R4、R8、R1）、三等奖二项（R1、R6）。国土资源部"十五"期间科技工作先进个人，2008 年入选中国科协高层次首批人才库，2012 年领导的"成矿地质背景研究"团队成为科技部科技创新团队，2014 年入选中组部"万人计划"首批科技创新领军人才（200 人之一）。是西藏首届政府特殊津贴获得者。

主要科学技术成就与贡献

1983 年 12 月，他从昆明地质学校毕业，作为家中长子，面对自己处在贫困中的农村家境，到底去哪里工作？诚然回到自己老家重庆是不错的选择，但想到自己同学中重庆地区人员众多，以他并不出色的学习成绩很难如愿。而此时国家正在号召学子支边，并出台了在边疆工作八年可调回内地工作的政策。在此感召下，义无反顾地报名赴西藏工作，八年后又放弃调回内地工作的机会，继续留在西藏坚持地质事业，并立志扎根高原，献身地质。现在看来当初有点无奈之举反而成为明智之为。

他先后在西藏自治区地矿局区调队参加了 1∶100 万日土幅、噶大克幅区域地质调查填图工作，填补了我国最后一块陆地上地质空白；随后作为主要技术骨干，参与了西藏首批 1∶20 万拉萨幅、曲水幅区域地质调查工作，为冈底斯东段地质程度提高做出了贡献。首次依据化石将原划归中上侏罗统麦隆岗组订正为上三叠统；将林子宗火山岩系解体并重新建立典中组、年波组、帕那组，为一套活动大陆边缘陆相火山岩，时代归属于古新世—始新世，否定了原认为拉萨地区存在第三纪海相环境的认识。在曲水幅填图中于拉萨德庆乡附近下白垩统塔克拉组中首次发现保存完好的硅化木，将其沉积环境由海相修正为海陆交互相。

1994年调到西藏自治区地矿厅地勘处从事区调、科研管理。对本职工作尽心尽责，从未出现过任何差错。接触到的矿区、地质现象更多，开阔了视野，管理经验、业务能力得到了极大的提高，为后来的科研工作奠定了坚实基础。并在1999年被破格晋升为地矿高级工程师。

1999年，国家启动了新一轮地质大调查工作，刘鸿飞认真选区，准备相关资料，申请地调项目；陪同来藏考察的中国地质调查局领导和专家到重要矿区、成矿带进行地质考察，为冈底斯斑岩铜成矿带的确定做出了贡献；在检查藏北地区地质工作时，于班公湖-怒江成矿带西段铁格隆一带发现斑岩型铜矿化现象，敏锐地感觉到又一个斑岩铜矿已展现出来，当年即从局地勘资金中调整工作量进行钻探验证，并申请国家大调查资金投入，拉开了西藏第三条斑岩铜矿勘查步伐。负责"西藏雅鲁藏布江成矿区东段铜多金属矿勘查"项目（2005~2007年度），主持编写了该项目总体报告。从地质背景、物化探、典型矿床及找矿前景等方面全面总结了冈底斯成矿带基本特征，实现了重大的找矿成果。通过十多年的勘查，已发现以驱龙、甲马、熊村、多不杂、波隆、荣那等大—超大型铜矿床为代表的冈底斯、班-怒巨型成矿带，铜资源量已达3000万吨以上，带动了后期商业资金跟进，提高了我国在铜矿资源上的话语权。支持完成了西藏矿产资源潜力评价项目，对西藏主要矿产资源潜力、找矿方向进行了预测。

主持完成了"西藏重要成矿带（三江、冈底斯、班-怒带）斑岩找矿部署研究"课题，从地质演化、典型矿床等方面进行了研究，结合物化异常圈出了找矿靶区，提出了找矿方向和潜力；主持完成了科技部科技支撑项目"中国中西部大型矿产基地综合勘查技术与示范"班-怒西段子课题，总结了多龙矿集区成矿规律及找矿标志；参与完成了"西藏冈底斯成矿带化探数据处理与靶区优选研究""青藏高原及邻区1:150万地质图"、科技支撑项目"西藏冈底斯东段典型金属矿床地质特征及找矿潜力"（出版专著）、"伦坡拉盆地构造"、科技部973项目、国土资源部行业基金项目科研工作。与香港大学合作开展了西藏重要构造带演化研究，赴香港大学进行学术交流，成果展板在第34届国际地质大会上进行展示，扩大了西藏地质人影响力。

迄今33年，不论是在野外一线，还是从事管理工作，他心系地质、心系高原之情从未动摇。他用自己的脚步丈量了西藏的山山水水，从1:100万区域地质填图开始，到献身于1:20万地质填图，在古生物化石研究、地层划分等方面均有重要发现；在后期虽然从事技术管理工作，但一有机会就去野外一线，下矿区，到地质填图一线；地质大调查开始后，在做好管理工作同时，又组织院里技术力量，开展与成矿有关的地质背景、成矿作用、成矿预测的研究工作，为冈底斯、班-怒成矿带的确立，雅江、班-怒结合带的组成与演化，部分重要矿床的发现与评价做了大量卓有成效的工作，取得了一定的成绩。

一、通过区域地质填图，原创成果丰硕

踏上西藏后，先后从事了1:100万日土、噶大克幅区域地质调查工作，有幸成为填补祖国陆地上最后一批小比例尺区调空白的区域地质调查队的一员，也让他体会到西藏之大、无人区之广、野生动物之多、地质现象之丰、解决问题之乐，慢慢从心底里爱上了地质、爱上了西藏。1986年，西藏地质填图转入1:20万阶段，他随即进入首批1:20万拉萨幅项目。如何搞？不光是项目技术负责，大队总工也觉得心中无底。不会就学，队上派出项目技术骨干，奔赴四川、云南区调队学习、培训，同时聘请部分内地技术骨干进行指导。春节刚过，项目人员就集中一起，开展讨论学习，理清工作思路，信心满满地奔赴野外一线。他此时已成为项目中坚力量，带领综合组负责图幅地质格架建立、重要

地层剖面测制。通过工作，他很快发现，原划归侏罗系的麦隆岗组产丰富的珊瑚、双壳类化石，生物面貌与同时期的多底组差异明显，直觉告诉他二者可能不是一回事。果不其然，通过化石鉴定，尤其是大量牙形刺的发现，将其时代确定晚三叠世卡尼期—诺利期。林子宗火山岩广泛分布于冈底斯山脉，在拉萨幅林周盆地发育广泛。前人对其时代、形成地质构造环境争论较大。他带领工作组，通过踏勘、地质剖面测制发现，其内部岩石组合可明显划分为三部分：下部是一套安山质火山岩，与下伏设兴组呈角度不整合接触；中部为一套淡水湖泊相灰岩（含大量化石）、沉凝灰岩，与下部火山岩呈角度不整合接触；上部为一套高钾流纹质熔结凝灰岩。据此，将林子宗火山岩解体，分别建立典中组、年波组、帕那组，将其时代依据化石、同位素测年厘定为古新世-始新世，地质环境为大陆活动边缘陆相火山岩。成果写入报告中，并写成论文发表，为他后来破格晋升职称奠定了基础，也为后来地质大调查、科学研究林子宗火山岩所应用。该成果得到了莫宣学院士团队的充分肯定。在随后进行了1∶20万曲水幅区调中，于下白垩统塔克拉组中发现火山岩、硅化木，表明那时已存在岛弧岩浆活动，环境不完全是海相，出现海陆交互相特征，修正了前人稳定海相环境沉积的认识。拉萨地区硅化木的首次发现引起了西藏自治区电视台科教频道兴趣，进行了专题报道，发现地有望成为拉萨附近的地质旅游景点。在羊八井盆地发现早—中更新世湖泊沉积，中更新世时期冰湖相特征明显。

这些原创性成果的取得，不但完善了拉萨地区地层系统，也为后来研究者提供参考与借鉴。

二、主持西藏主要成矿带勘查与总结，为实现下步找矿突破提供依据

刘鸿飞负责了"西藏雅鲁藏布江成矿区东段铜多金属矿勘查"项目（2005~2007年度），主持编写了该项目总体报告。

从地质背景、物化探、典型矿床及找矿前景等方面全面总结了冈底斯成矿带基本特征，实现了重大的找矿成果。在驱龙等矿区提交铜资源量（333+334）1227.9万吨，其中驱龙1036.09万吨（后来的商业勘查查明其资源量近千万吨），成为我国第一大铜矿。朱诺132.49万吨，冲江50.13万吨，并提交新发现矿产地8处，揭示出西藏冈底斯成矿带东段巨大的找矿潜力，提升了冈底斯成矿带东段铜矿资源在我国的突出战略地位，奠定了藏中有色金属开发基地的资源基础。在主持"西藏重要成矿带（三江、冈底斯、班-怒带）斑岩找矿部署研究"时，以构造演化为纲，辅以岩浆活动、成矿作用响应，在总结已有典型矿床特征与控制因素的基础上，划分了次级成矿带，预测了斑岩铜矿找矿靶区；主持开展"西藏铬铁矿找矿布署"时，分析了西藏典型铬铁矿床探矿要素，创造性选用与铬相关地化元素组合套合大地构造背景进行找铬靶区划分，明确提出罗布莎铬铁矿产于东西向与南北向深大断裂交汇部位，岩体具有多次活动，并叠加有后期构造变形作用，较好地解释了广泛分布的雅江超基性岩只限于罗布莎岩体成大矿的问题，为今后找铬工作提供了借鉴。

三、主持开展主要成矿带成矿地质背景与成矿作用研究，注重团队建设

刘鸿飞主持完成了地调局重点科研项目"冈底斯构造岩演化与成矿作用"，合作单位有北京大学、中科院广州地化所。通过五年的系统工作，总结了冈底斯成矿带构造活动、相应的岩浆活动期次、成矿时间及成矿规模，并对什么是冈底斯成矿带从构造演化角度进行了限定。依据雅江带南侧广泛、断续分布的一套蛇绿混杂岩，冈底斯带存在早—中侏罗世岩浆岩、雄村斑岩型铜金矿及却桑不整合面，明确指出雅鲁藏布江结合带有二次成洋、二次俯冲过程；对同为中新世成矿，处于南侧的

驱龙斑岩型矿床和处于北侧弧背断隆的帮浦斑岩型矿床，为何前者以铜为主而后者以钼为主？对此研究认为矿床类型的不同是因构造背景差异所致，即前者产于碰撞岛弧背景，后者产于碰撞推覆体所致地壳增厚背景。成果报告被局副总工程师陆彦称为是他在局工作以来所看到的由局技术人员主导编写的最好的成果报告。

四、关注西藏高原地质热点，注重第一手资料获取

他重视关注西藏地质出现的新问题、新现象，时刻关注和学习国内外先进的地质思想，加以研究并结合西藏实际予以应用。在完成"雅江结合带组成与演化"项目时，在休古嘎布地区采获的菊石经南京古生物地质研究所鉴定，为一新种；同时在白地地区发现二叠纪洋岛组合。在开展班-怒结合带研究时，于改则地区发现生物礁灰岩，属于原地发育，而非前人确定的混杂岩中的"外来岩块"，有利于寻找油气。

通过与香港大学、中国地质科学院等院校、科研机构开展科研合作，提出的新冈底斯成矿带划分与成矿作用构造认识在悉尼召开的第34届国际地质大会上受到关注，扩大了西藏地质人影响力。

在2012年自治区科技厅组织申报国家科技创新团队中，西藏地质调查院"西藏地质背景与成矿作用研究创新"团队，以全区排名第一身份，参与全国评比，并不负重望入选。团队主要事迹在相关报道中进行了宣传，并做客人民网。他本人入选2013年中组部"万人计划"首批创新人才（200人之一），也是西藏首位获此殊荣者，2015年代表西藏参加中组部组织的专家赴北戴河疗养活动，受到国家领导人的亲切接见。

在西藏地质调查院工作期间，西藏地质调查院承担国土资源大调查费用由2003年的2000多万元上升到2014年的1.6亿多元。

刘鸿飞热爱地质事业，艰苦朴素，勤于实践，长期工作在艰苦的西藏野外一线。30余年来，他低调做人、虚心好学、勤奋工作、科学管理，将青春奉献给了西藏地质事业，为西藏地质调查、矿产勘查及相关科学研究工作做出了一定贡献。他用自己的实际行动，证明了青藏高原不愧是地质工作的乐园、打开地质奥秘的钥匙，也证实了只要有踏实的付出就会有丰厚回报的朴实真理。

但他也深知，自己所取得的成绩，离不开老一辈地质工作者的悉心关怀、指导和同事们无私帮助。他有幸成为地质大调查工作的参与者，也是站前辈肩上的摘桃人。没有西藏这片高天厚土，没有地质工作的大舞台，没有地调院同事组成的团队，他什么也不是！他努力过，执着地献身西藏地质事业，而他更明白，今后的路还很长，地质热点更多，必须一如既往，脚踏实地。

西藏地学奥妙之多将吸引更多的地学人前仆后继投入其中，西藏也将敞开胸怀，拥抱更多的后来者，喷涌出更加灿烂的成果。利用好这片舞台，实现人生价值。

代表性论著

1. 刘世坤，刘鸿飞，马召军. 1988. 拉萨地区上三叠统麦隆岗组的新认识. 地层学杂志，12（4）：303~306

2. 刘鸿飞. 1993. 拉萨地区林子宗火山岩系的划分和时代归属. 西藏地质，2：59~69

3. 刘鸿飞，崔江利. 1995. 西藏拉萨地区晚二叠世地层新知. 西藏地质，1：28~31

4. 刘鸿飞. 1995. 西藏拉萨地区地层系统及问题讨论. 西藏地质，1：128~137

5. 刘鸿飞，赵平甲. 2001. 藏南晚白垩世滑塌堆积特征及形成机制. 西藏地质，1：8~14

6. 刘鸿飞，刘焰. 2009. 旁那石榴蓝闪片岩特征及其构造意义. 岩石

矿物学杂志, 28 (3): 199~214

7. 刘鸿飞, 牟林. 2014. 中国西藏西部晚三叠世菊石 Tragorhacoceras 属的一个新种. 古生物学报, 53 (2): 217~222

8. 魏玉帅, 刘鸿飞等. 青藏高原重点盆地油气资源战略调查与选区报告

9. 魏玉帅, 向树元, 刘强, 刘鸿飞等. 2010. 西藏班公湖-怒江断裂带以南主要含油气盆地沉积及构造特征研究报告

10. 刘鸿飞, 徐开锋, 向树元等. 2009. 西藏自治区冈底斯东段斑岩铜矿勘查规划部署研究报告

范立民

小 传

范立民，陕西省地质环境监测总站教授级高级工程师，男，山西省曲沃县人，1965 年 9 月 22 日生，中共党员。1988 年毕业于中国地质大学矿产系煤田地质学专业。1995 年晋升工程师、1997 年破格晋升高级工程师、2006 年晋升教授级高级工程师（技术二级）。1994～1997 年，历任陕西省一八五煤田地质勘探队项目负责、地质科长兼主任工程师；1997 年 3 月～1999 年 4 月，陕西省一八五煤田地质队副总工程师。1999 年 4 月～2001 年 4 月，陕西省煤田地质局高级工程师；2001 年 4 月～2007 年 8 月，陕西省煤田地质局副总工程师。2007 年 8 月～2010 年 10 月，陕西省煤炭地质测量技术中心教授级高级工程师。2010 年 10 月～2012 年 2 月，陕西省地质调查院教授级高级工程师。2012 年 2 月至今，陕西省地质环境监测总站教授级高级工程师。

长期从事矿山环境地质调查工作，在矿山地质环境保护、矿井地质等领域做出突出贡献。主持或参与完成的项目获国家科学技术进步二等奖 1 项（R2）和省部级科学技术一等奖 8 项（2 项 R1，1 项 R2，3 项 R3，1 项 R4，1 项 R9）、二等奖 1 项

（R2），中国地质学会 2009 年度学术年会优秀论文奖，陕西省自然科学优秀学术论文二、三等奖各 1 篇（均 R1）。发表论文 140 余篇，出版专著 8 部（含科普 2 部），获专利 10 项，主持或参与制定行业（地方）标准 6 项。

1997 年被列为陕西煤炭系统青年科技拔尖人才，2002 年获得孙越崎青年科技奖，2006 年被评为首届陕西省优秀科技工作者，2009 年被授予"陕西省有突出贡献专家"称号，2013 年被聘为国土资源部煤炭资源勘查与综合利用重点实验室学术委员。

主要科学技术成就与贡献

有怎样的胸襟，就拥有怎样的梦想。1984 年 7 月高考结束，范立民填报志愿，刚走出大学校门的二哥，坚持要他报考建筑类专业，还摆了一大堆理由，当时懵懵懂懂的他，按照二哥的意思，在一般大学（二本）及专科、中专等栏目都填了建筑类专业。填完志愿后，他一直觉得心中似乎有个结，这时，同学一句"万一成绩好的话……"又让他动了心，再次拿起了《报考指南》，顺手一翻，"武汉地质学院"一页展现在面前，脑中瞬间掠过高中时读过的《李四光传》，李四光教授探索大自然奥秘的情景在眼前闪现，就这样，"武汉地质学院"写进了重点大学第一志愿。前后不到一分钟的抉择，改变了他的人生轨迹，从此走上了地质科学的道路。2000 年 5 月 18 日，他的散文《上大学前只读过一本课外书》在《光明日报》"影响我人生道路的一本书"栏目发表，回顾了他报考地质学院的心路历程。大学毕业时，他主动要求到地处偏远的一八五队工作，28 年来足迹遍布三秦大地，在矿山地质环境保护（即"保水采煤"）、浅埋煤层突水溃沙防治、矿井地质等领域做出了突出贡献。

一、长期坚持矿山环境地质调查，最早提出"保水采煤"问题及实现途径，建立了以控制地下水位为核心的生态脆弱矿区地质环境保护技术体系，促进了西部生态脆弱矿区生态文明建设

大学毕业时，当范立民得知被预分配到山西榆次市后，他立即找到主管分配工作的邢相勤老师说："邢老师，让我去一八五队吧，那里也许可以做些事"。邢老师很快满足了他的要求，没有豪言壮语，一句朴实的话，实现了范立民"到祖国最需要的地方去"的理想（一八五队曾连续 5 年提出要武汉地院毕业生）。那时的陕西榆林，落后、贫困、闭塞，是一个不足 10 万人的小县城，从武汉到榆林，他整整颠簸了 5 天。办完报到手续，从迎新座谈会会场出来，他径直敲开了王绪柱科长办公室，说"王科长，派我去野外吧"，一下子把这位 1964 年毕业于北京地质学院的老牌大学生怔住了，很多毕业生分来要住单间、要在室内工作，你却要到野外去。就这样，3 天后，范立民奔赴野外，一干就是 28 年。期间，岗位几经变化，但坚持野外工作的习惯一直没有改变。

1. 提出了"保水采煤"问题

1988~1994 年，范立民的足迹遍布陕北侏罗纪煤田。起初他在地质组，是培养项目负责人的地方；由于水文地质组缺人，韩树青高级工程师建议他到水文地质组，他欣然接受，使许多人不理解，好好地葬送了当项目负责人甚至总工程师的机会。在韩树青的带领下，1988 年他参加了朱盖塔井田水文地质勘查；1989年参加了肯铁岭井田水文地质勘查，不仅走遍了整个井田，还对陕北侏罗纪煤田整体水文地质条件有所掌握；1990 年他主持了大柳塔煤矿二盘区开采地质条件勘查，12 月 23 日华能精煤公司（现神东公司，下同）评审报告，近百个钻孔，几万个数据，当时还没有数字多媒体演示文稿，他把每个数据都记在脑海中，对

答如流，令在场人员叹服；1991年他负责前石畔井田煤炭勘探的水工环地质工作……每到一个项目组，他都认真向老同志学习，非常珍惜每一次到野外的机会。1990年4月20日，神东矿区瓷窑湾煤矿发生突水溃沙事故，造成附近萨拉乌苏组地下水水位下降、水库干涸、植被枯萎。范立民主持现场调查和补充勘查工程时，敏锐地意识到这一问题的严重性和持续性，一旦大规模开采，必将导致区域性地下水位下降和河湖干涸，地质环境恶化。为此，1991年他提出了"保水采煤"问题及实现途径（1992年起陆续发表）。

2012年8月他带领中国地质环境监测院专家组到陕北考察，每到一处，都详细地说出溪流流长、流量、流域面积、含水层厚度与富水性、补给来源等，说出每个泉的名称、流量、水温、水质类型、矿化度等，甚至一些泉的干枯过程都记得清清楚楚，被誉为"陕北矿山水文地质的活地图"。

2. 解决了保水采煤的重大技术难题，建立了以生态水位保护为核心的西部煤矿区地质环境保护技术体系，主持开展了保水采煤技术示范推广，促进了煤矿区地质环境保护

从1988年7月起，范立民就开始关注萨拉乌苏组地下水问题。在韩树青高级工程师带领下，他与杨保国、蒋泽泉等同志先后调查了柠条塔、大柳塔、朱盖塔、大保当、石圪台等区域的萨拉乌苏组地下水，实测了萨拉乌苏组各大泉的流量、水温，对萨拉乌苏组地下水的形成、演化及环境意义进行了系统调查和研究。亲眼看见了瓷窑湾煤矿突水溃沙、抽水试验钻孔周围地下水位下降而引起植被枯死的现象，认识到萨拉乌苏组地下水的生态价值。就煤田开采过程中如何保护萨拉乌苏组地下水进行了调查、研究。为此，他多次提出开展陕北煤炭开发环境地质效应研究的建议书，主要研究保水采煤的地质条件及采煤诱发的环境效应。1995年他的建议得到了中国煤炭地质总局叶贵钧教授的关注，在叶贵钧教授主导下，以"中国西部侏罗纪煤田（榆神府矿区）保水采煤与地质环境综合研究"为题，列入原煤炭部

"九五"重点科研项目，范立民作为主要成员，与叶贵钧、段中会、李文平等一起，完成了课题研究。之后的 20 多年，随着陕北煤炭开发强度加大，围绕"保水采煤"课题，在王双明教授领导下，他与黄庆享、石平五、王文科、马雄德等一起，建立了以控制地下水位为核心的生态脆弱矿区地质环境保护技术体系，先后获得省部级科学技术一等奖两次，二、三等奖各一次，最终成果《鄂尔多斯盆地生态脆弱区煤炭开采与生态环境保护关键技术》获 2011 年国家科学技术进步二等奖（R2）。2003、2014年他两度撰文，论述了榆神府矿区的"适度开发"问题，较早从环境承载力角度审视区域性煤炭产业规划。目前，他主持陕西省科技推广专项"陕北保水采煤技术示范推广"（2011TG-01）和陕西煤矿区含水层调查与监测等工作。

　　在保水采煤研究中，范立民的主要贡献如下：①在采空区地质环境调查、采空区覆岩裂隙带发育高度探测与模拟、煤层与含（隔）水层组合特征研究基础上，编绘了我国第一幅基于地质环境保护的采煤方法规划图；②调查发现了采煤引起的沙漠生态效应，提出了保护生态水位采煤的新理念，基于地质环境保护原则，将陕北侏罗纪煤田划分出鼓励水位下降区（鼓励采煤区）、控制水位下降区和限制水位下降区；③划分了保水采煤的地质条件分区，提出了开展煤水综合勘查，将采煤与地质环境保护作为系统工程进行规划。根据煤炭资源的质量和水资源总量确定矿区功能，根据煤水关系确定采煤方法，根据地质环境容量确定开发规模的思路，主要内容纳入陕西省"十二五"煤炭工业规划；④研发了部分专利产品，如采空区覆岩裂隙带探测器具和系统（专利号：ZL201020249845.1、ZL 201020248915.1），可快速探测煤层开采后覆岩裂隙发育情况，设计了单井双（多）含水层地下水观测装置，实现了在一眼井中完成多个含水层地下水监测、采煤过程中多层含水层实时监测目标（专利号：ZL201220354875.8）；⑤系统调查了榆神府矿区采煤对生态水位、井泉、水环境、土地、土壤环境、水体湿地的影响程度，提出了环境保护对策，发表了系列论文。

近年来，他还参加了中国工程院"中国煤炭清洁高效可持续开发利用战略研究""能源'金三角'发展战略研究"等项目，将保水采煤技术融入咨询报告。《国家能源发展"十二五"规划》将保水采煤（保水开采）技术列为重点推广的新技术，为此《中国能源报》发表了题为《采煤与水资源矛盾日益突出保水开采缓解煤水之殇》的文章，以"觉醒之途"小标题评价了"保水采煤"问题的提出及科学进展。《国务院办公厅关于印发能源发展战略行动计划（2014～2020年）的通知》明确要求"推广充填、保水等绿色开采技术"，再一次将保水采煤技术列入国家战略规划。

3. 系统调查了陕西矿山地质环境现状、地质灾害分布，研究了矿产资源开采强度与地质灾害发育的关系，总结了矿山地质灾害成因模式和致灾机理，提出了高强度开采区地质灾害防控技术

1994年年初，他通过扎实的基本功、清晰的思路和完善的举措，通过公开竞聘，出任一八五队地质技术部门经理。在地质行业处于低谷时期，他带领这个有108名知识分子的实体开始艰苦创业，3年后他又出任副总工程师，1997年破格晋升高级工程师，成为一八五队建队以来第一位破格晋升的高级工程师。这期间，为了拓展业务，他先后主持过煤矿顶板疏降水工程、公路下采空塌陷治理、采空区自燃火灾灭火、岩土工程勘查、矿区环境地质调查、地质灾害治理、水源地勘查等工作，把业务扩展到"大地质"领域，自己成长为一名矿山地质环境调查研究领域经验丰富的野外地质工作者。

机遇总是垂青有准备的人。2010年8月，当他将全省煤矿矿井地质、储量动态监测等工作做得有声有色、正准备再上一个新台阶时，政府一纸文件，撤销了陕西省煤炭地质测量技术中心建制，人员全部划转到新成立的陕西省地质调查院。他再次走到了人生的十字路口，有了在一八五队业务拓展的积累，他很快找准了方向，将长期积累的矿山地质环境调查、采空区治理成果进行系统梳理和总结，2012 年开始与划转到省地调院的陕西省地质环境监测总站李成、陈建平等同志一起，开展了矿山地质环境调查、研究工作。

陕西矿业活动活跃，矿山地质灾害频发。据不完全统计，1994~2011 年矿山地质灾害造成了 413 人死亡，经济损失巨大。为此，范立民组织并主持开展了矿山地质环境调查工作，查明了矿山地质灾害发育现状，研究了其形成机理和发育趋势，建立了陕西省矿山地质灾害（地质环境）数据库，完成了多处典型矿山地质灾害治理工程，形成了一整套矿山地质灾害治理技术：①提出了矿产资源开采强度的新概念，确定了矿产资源开采强度划分的指标体系，划分了陕西省矿产资源开采强度分区，据此提出了矿产资源适度开发新理念；②以陕西为例，系统调查总结了高强度采矿区地质灾害发育、分布特征及其危害性，划分了地质灾害发育程度、发育类型分区，编制了矿区地质灾害系列图件，发明了矿山地质灾害监测预警仪，提出了高强度开采条件下地质灾害防控措施；③研究、总结提出了四种矿山地质灾害成因模式和致灾模式；④结合地质灾害治理工程，研发了高强度开采区地质灾害治理技术，形成了矿山地质灾害治理技术体系，开展了治理示范工程。

推广应用以来，陕西矿产资源开采区地质灾害发生数量显著降低，有效保护了矿区居民生命安全和生态环境，课题成果《矿产资源高强度开采区地质灾害与防治关键技术》2015 年获陕西省科学技术一等奖（R1）。

二、深入煤矿，查明了瓦斯地质条件，提出了控制瓦斯赋存的地质因素，科学预测了未采区瓦斯含量，编绘、出版了系列瓦斯地质论著，促进了煤矿安全生产和瓦斯抽采利用

敬业是创新的灵魂，责任是创新的动力。范立民从事地质工

作 28 年来，工作调动了 5 次，每一次都是被动的，而且每一次他都做出了很大的牺牲，并怀揣复杂的心情到新单位"再就业"，只有敬业精神和责任心始终如一。2007 年 8 月，在他担任陕西省煤田地质局副总工程师 7 年后，被调动到陕西省煤炭工业局，负责组建陕西省煤炭地质测量技术中心，主要职责是负责煤炭生产矿井储量监测等工作。"保水采煤"研究刚起步，又要离开心爱的岗位，好在每一次调动他都有丰富的知识储备，投入新领域后，他一边组建新单位，一边开展工作，请专家讲授《采煤概论》《采煤学》等课程，他全程聆听，很快进入角色，不到半年，他对全省煤矿情况的了解程度让许多长期从事行业管理的专家叹服，原省煤炭厅总工程师、省决策咨询委员高新民，成为他的忘年交，经常与他探讨煤炭行业发展大计。至今，两人都经常就陕西煤炭工业健康发展进行讨论、交流。

2009 年年初，国家能源局下发编制瓦斯地质图的通知，省煤炭工业局负责，范立民得知消息后，主动请缨，负责这项艰巨的任务。众所周知，陕西是煤炭产业大省，也是瓦斯事故的重灾区，1995～2007 年的 13 年间，陕西因瓦斯事故死亡 1167人，平均每年 89.7 人，几乎每年都发生一次死亡 9 人以上的重特大事故。瓦斯地质编图是一项出力不讨好的工作，弄不好会前功尽弃。为了做好瓦斯地质图的编研，他组织全省 528 名工程技术人员参与到课题组，先后开展了 3 期技术研讨和培训，统一工作方法和思路，制定了技术路线图、瓦斯地质数据采集标准和编图方法；他带领技术人员上百次深入不同地质条件、不同瓦斯等级、不同采煤方法、不同地质时代的煤矿井下采集原始数据，分析煤矿瓦斯来源及涌出强度，研究不同区域、不同开采条件下煤矿瓦斯涌出规律，为了掌握第一手数据，他几乎走遍了陕西的大小煤矿和井下。在此基础上，他提出了煤级是瓦斯形成的主要影响因素，构造、煤层埋深、煤厚是控制陕西瓦斯赋存与聚集的三大地质因素，识别出五个区域性瓦斯地质分带；计算了瓦斯（煤层气）资源量，发现了瓦斯富集区，确定了瓦斯抽采区域和层位；设计的采空区覆岩裂隙带探测器具和装置（专利号 ZL201020249845.1、ZL201020248915.1），用于探测煤层开采后卸压瓦斯富集区域，为采空区瓦斯抽采、利用提供了技术支撑。

经过近 3 年的艰苦努力，首次从事瓦斯地质的范立民交出了一份优秀答卷，完成了全省第一套完整的系列瓦斯地质图，包括 90 个煤矿 98 幅矿井瓦斯地质图、7 个矿区 10 幅矿区瓦斯地质图、1 幅 1：50 万陕西省煤矿瓦斯地质图（均含说明书），涵盖了陕西境内全部高瓦斯矿井、煤与瓦斯突出矿井及发生过瓦斯事故的矿井，形成了"矿井—矿区—陕西省"系列瓦斯地质成果及编图技术、瓦斯地质预测方法。2011 年 9 月《陕西省煤矿瓦斯地质图及说明书》在国家能源局组织的全国 22 个省级瓦斯地质图验收评比中，获得总分第一名的优异成绩，全国瓦斯地质编图技术组组长张子敏教授评价他"是全国瓦斯地质编图最敬业的省级技术组长"。通过验收后，他与张晓团、王英等编写出版了《陕西省煤矿瓦斯地质图图集》《1：500000 陕西省煤矿瓦斯地质图（含说明书)》和《陕西省煤矿瓦斯地质规律研究》，策划组织召开了"煤矿瓦斯地质与抽采利用研究"学术研讨会，出版了同名论文集，四部论著总计 152 万字，是全国瓦斯地质编图公开出版的第一套系列论著，他将价值 12 万元的 530 套论著赠送一线科技人员，促进成果应用并取得重大效益，全省瓦斯事故死亡降低到每年 3 人以下，瓦斯抽采量由 2008 年的 0.2 亿立方米/年上升到 2012 年的 3.10 亿立方米/年以上，瓦斯利用率逐年提高。他主持完成的《陕西省系列瓦斯地质图、矿井瓦斯赋存规律及应用》2011 年获陕西省科学技术一等奖（R1），参加完成的《中国煤矿瓦斯地质图及省区矿区矿井瓦斯地质图编制》2012 年获中国煤炭工业协会科学技术奖一等奖（R9）；参加完成的《黄陇侏罗纪煤田煤油气共生矿井耦合灾害防治关键技术》2014 年获中国煤炭工业协会科学技术一等奖和国家安监总局第六届安全生产科学技术成果一等奖（R4）。

三、系统研究了浅埋煤层突水溃沙灾害形成机理，提出了以控制水动力为主的突水溃沙防控技术，为神东、陕北煤炭基地浅埋煤层的安全开采找到了有效途径，至今仍在广泛应用

1993 年初，神东矿区第一个现代化煤矿——大柳塔煤矿S202 试采工作面发生突水溃沙，给刚刚拉开开发序幕的神东矿区当头一棒。随后 1203 综采试采工作面初次放顶的突水事故以及临近的瓷窑湾煤矿掘进过程中 2 次发生突水溃沙灾害，使神东矿区开发前景顿显暗淡。

众所周知，该区煤层埋藏浅，上覆基岩只有十几米或几十米，之上就是富水的萨拉乌苏组含水沙层，一旦冒顶，将会产生灾难性的溃沙事故。神东矿区建设初期，第一座现代化煤矿——大柳塔煤矿是否会发生如此灾难性事故，成为摆在矿区建设者面前的重大技术难题。

1995 年 2 月 28 日晚，大柳塔煤矿第一个综采工作面 20601 投产前，华能精煤公司及大柳塔煤矿紧急召集一八五队研究对策，经过几番讨论，没有定论。时任一八五队地质技术部门经理的范立民，毫不犹豫的答复"我们可以保证第一个综采面不发生突水溃沙"，话语一出，大家冒了一身冷汗。其实，早在瓷窑湾煤矿事故后，他负责补充勘查及灾害分析过程中，就进行了深入研究，分析了溃沙灾害形成机理，提出了控制水动力条件是预防突水溃沙地质灾害的最佳途径，已经超前研究了这一重大难题。随后，与段中会、牛建国等专家，组织开展了大柳塔煤矿矿区第一个综采工作面突水溃沙地质灾害防治的疏降水工程，并圆满成功，用较少的投入，解决了突水溃沙难题，为神东矿区浅部煤层安全开采找到了有效途径。1996 年 1 月 6 日大柳塔煤矿如期投产。1996 年 10 月，范立民在国际采矿技术研讨会上发表了题为《Study on Geological Disaster from Water Inrush and Sand

Bursting in Mine of Shenfu Mining Distrct》的论文，突水溃沙也得到了广泛关注。以突水溃沙为主要研究内容的"西部煤炭高强度开采下地质灾害防治与环境保护基础研究"2013年列入国家"973"计划（2013CB227900），范立民作为唯一来自野外地勘单位的技术骨干应邀参加。通过两年多研究，确定了浅埋煤层突水溃沙的主控因素，以榆神府矿区为例，划分了突水溃沙危险性分区，提出了以控制水动力为核心的突水溃沙防治技术。二十多年来，神东矿区（含内蒙古鄂尔多斯市的煤矿）一直应用该技术，取得重大效益。《浅埋煤层开采水沙灾害防治技术研究》2011年获中国煤炭工业协会科学技术三等奖（R1）。

在长期矿山水文地质勘查实践中，范立民改进了空气压缩机抽水试验的气水混合器（专利号：ZL201020249844.7），使空气压缩机抽水试验的效率大大提高。改进了钻孔止水方法，设计了管靴止水器（专利号：ZL201220048635.5），实现了钻孔抽水层段的快速、高效止水。设计了在一口井中进行多个含水层地下水监测的装置（专利号：ZL201220354875.8），节约了地下水监测成本，提高了监测质量。

四、集成创新了沙漠区煤田综合勘探技术，推动了榆神府矿区煤炭勘查进程，累计提交煤炭资源储量 298 亿吨，促进了陕北大型煤炭基地建设

1. 主持或参与组织完成的项目提交煤炭资源储量 298 亿吨，建成了 30 余处大中型煤矿

1988 年范立民参加完成神木北部矿区朱盖塔井田勘探，提交煤炭资源储量 9.85 亿吨。1989 年参加完成肯铁岭井田勘探，提交煤炭资源储量 8.89 亿吨。1990 年参加完成石圪台井田煤炭勘探，提交煤炭资源储量 7.43 亿吨。1991 年主持完成大柳塔井田二盘区开采技术条件勘探，保证了陕北第一个现代化煤矿的如期投产。1993~1994 年作为水工环专业负责，完成前石畔井田勘

探，提交煤炭资源储量 10.30 亿吨，提交的《陕北侏罗纪煤田神木北部矿区前石畔井田勘探（精查）地质报告》，1995 年获全国矿产储量委员会矿产勘探报告质量奖一等奖（R3）。1997 年作为技术负责，完成南梁井田勘探，提交煤炭资源储量 1.12 亿吨。1998 年作为技术负责完成榆神矿区先期开发区详查，提交煤炭资源储量 119.76 亿吨。

2001～2007 年担任陕西省煤田地质局副总工程师期间，协助总工抓地质找矿工作，期间陕西省煤田地质局在麟游北部、彬县太阳寺等地新发现煤炭资源 44.80 亿吨，完成榆神矿区榆树湾（22.75 亿吨）、曹家滩（36.06 亿吨）、锦界（20.85 亿吨）、金鸡滩（24.86 亿吨）、红柳林（19.66 亿吨）、凉水井（6.77 亿吨）、马王庙（1.60 亿吨）井田勘探和小保当区详查（47.64 亿吨），为陕北、黄陇大型煤炭基地建设提供了资源保障。

以上累计提交煤炭资源储量 298.67 亿吨（详查与勘探平面重叠部分不重复计算），以这些地质成果为依据，已建成哈拉沟（18Mt/a）等 30 余处大中型煤矿，原煤产能达 1.738 亿吨。

2. 集成创新了煤田综合勘查技术，推广应用取得重大社会经济效益

在上述地质工作积累基础上，范立民作为一八五队副总工，与王双明、王国柱等集成创新了煤田综合勘查技术。20 世纪 90 年代初期，煤炭工业战略西移亟须开发地质工作程度较低的榆神矿区，以最少的投资，尽快完成矿区详查和勘探，成为摆在地质工作者面前艰巨的任务。他详细研究了地处沙漠区的矿区地质条件，提出了物探（磁法、地震）与钻探相结合的综合勘查新思路，集成创新了勘查技术体系，优化部署了地震勘查网和钻探网，获得专家认可，使得榆神矿区先期开发区详查以较少的投资在短期内完成。与传统勘查方法相比，成本低、周期短、精度高，对地表植被扰动小，详查地质工作费用比全国平均降低 70%，减少了沙区植被损毁，勘查周期缩短 65%，勘探线上煤层厚度的控制密度由 750m（钻孔孔距）提高到 5m（地震解释），煤层自燃境界的精度由 375m 提高到了 25m 以内，用地震解释煤层厚度的误差小于 0.6m。近几年的矿井开发实践证实了勘查工程部署的合理性和勘查精度。多年来，陕北、内蒙古西部、宁东等地都采用了这一综合勘探技术。范立民主编的《煤田综合勘查技术及陕北榆神矿区详查与勘探》2005 年获陕西省科学技术一等奖（R2）。

五、针对矿井地质工作的薄弱环节，提出了修编矿井地质报告的建议，规范了矿井地质工作，建立了陕西省煤矿储量动态管理体系，有效地遏制了开采过程中的资源浪费，提高了煤炭回采率

2007~2010 年，除了主持瓦斯地质图编研外，范立民的重点工作是矿井储量动态监管、矿井地质报告修编等。

1. 建立了煤炭生产矿井储量与回采率年度考核制度，实施后取得显著成效

2007 年，范立民针对煤矿回采率低的事实，通过 30 余处典型煤矿回采率的系统调查和分析，与张晓团、刘社虎、高佑民、马怀生等主持并制定了《陕西省矿井储量和回采率管理暂行规定》，在陕西省法制办备案后于 2008 年 4 月 16 日发布实施。启动了煤矿储量动用计划和年度考核工作，强化了开采过程中的随机抽检、监督，督促煤矿企业加强矿井地质工作，动态监管生产矿井储量，先后抽检 50 余处煤矿，分析了开采过程中资源储量损失现状及原因，提出了提高回采率的对策，并贯彻到来年的动用储量审核计划中，取得了良好的效果。全省煤矿采区回采率每年提高 10% 以上，根据陕西省煤炭产量测算，仅此一项，每年减少开采中的储量损失 4000 多万吨、减少地质环境损害面积约 5~10km²。

2010 年 12 月国家发展和改革委员会专门来陕调研，以《陕西省矿井储量和回采率管理暂行规定》为基础，制定并颁布了《生产煤矿回采率管理暂行规定》（国家发展和改革委员会令

［2012］第 17 号），在全国执行。

2. 规范了建井地质报告编写和矿井地质报告修编，提高了煤矿地质工作水平

近年来，随着煤炭企业的下放，煤矿地质工作弱化，资源储量管理不规范，矿井地质条件不清，从而造成开采过程中的盲目性。为此，担任陕西省煤炭地质测量技术中心主任期间，组织开展了全省煤矿矿井地质报告修编、新建煤矿建井地质报告编制等工作，矿井地质工作得到有效加强，使停顿 10 余年的陕西煤矿矿井地质报告修编重新完成，全面查清了全省生产矿井地质条件、资源状况和隐蔽致灾因素，为合理开采布局、煤矿安全生产奠定了基础。在此基础上，主持制定了《煤矿井筒检查孔技术规范》《矿井（建井）地质报告编写规范》两项煤炭行业标准，2012 年通过煤炭标准委员会评审（遗憾的是尚未颁布）。

3. 编写科普读物，服务煤矿安全

2014 年 1 月，国家安监总局信息研究院组织编写一套"煤矿安全生产管理系列读本"，其中关于"煤矿隐蔽致灾因素"书籍，组织者找了十几位专家，均因刚刚提出的新概念而没人接手。后经中国煤炭学会推荐，范立民成为约稿对象，一个电话打来，他当时尽管还不清楚什么是"隐蔽致灾因素"，但凭借自身对矿井地质工作的熟悉程度和丰富经历，爽快地答应了。随后，他广泛收集资料，研究了上百起重大煤矿事故案例，剖析了致灾因素，很快梳理出三大类十三种隐蔽致灾因素，逐一介绍其特征、成因、致灾特点及探查方法、防控措施，编写的大纲顺利通过审读。然后又利用 2 个多月业余时间，编写了 12 万字的科普读物《煤矿隐蔽致灾因素与探查》，2014 年 7 月由煤炭工业出版社出版，第一次印刷 2000 本，很快售罄。许多读者向他求助，他把书稿电子版直接发给大家，满足读者需求。

"物有甘苦，尝之者识；道有夷险，履之者知"。回顾范立民近 30 年地质工作历程，是十一届三中全会的春风沐浴了他的人生道路，是《李四光传》改变了他的人生选择。至今，他的床头还摆放着《李四光传》等科学家传记，时刻激励着他努力前行。从进入武汉地质学院至今的 30 多年来，他一直牢记导师夏文臣教授"地质工作的舞台在野外"的教导，长期坚持野外地质工作，与团队成员一起，取得了显著成绩。他还关心青年地质工作者成长，每年为青年地质科技人员指导技术报告、论文数十篇，随时解答青年地质科技人员和研究生的技术难题，一些研究生和青年科技人员慕名联系他，尽管未谋面，他也毫无保留的与他们交流学术、答疑解惑、探讨人生，成为有志青年的学术导师和人生朋友。

代表性论著

1. 范立民. 1992. 神木矿区的主要环境地质问题. 水文地质工程地质，19（6）：37~42

2. 范立民. 2005. 论保水采煤问题. 煤田地质与勘探，33（5）：50~53

3. 王双明，黄庆享，范立民，等. 2010. 生态脆弱区煤炭开采与生态水位保护. 北京：科学出版社

4. 范立民，马雄德，冀瑞君. 2014. 西部生态脆弱矿区保水采煤研究进展. 煤炭学报，40（8）：1711~1717

5. Fan Limin. 1996. Study on Geological Disaster from Water Inrush and Sand Bursting in Mine of Shenfu Mining Distrct∥Groundwater Hazard Control and Coalbed Methane Development and Application Techniques：Proceedings of the International Mining Tech'96 Symposium，CCMRI，Xi'an：154~161

6. 范立民. 1996. 神府矿区矿井溃沙灾害防治技术研究. 中国地质灾害与防治学报，7（4）：35~38

7. 范立民，马雄德，蒋辉，程帅. 2016. 西部生态脆弱矿区矿井突水溃沙危险性分区. 煤炭学报，41（3）：531~536

8. 范立民，张晓团，向茂西，张红强，申涛. 2015. 浅埋煤层高强度开采区地裂缝发育特征. 煤炭学报，40（6）：1142~1147

9. 范立民，李成，陈建平，等. 2016. 矿产资源高强度开采区地质灾害与防治技术. 北京：科学出版社

10. 范立民，冀瑞君. 2015. 论榆神府矿区煤炭资源的适度开发问题. 中国煤炭，41（2）：40~44

潘　彤

小　传

潘彤，青海省地质矿产勘查开发局教授级高级工程师。中国共产党党员。1966 年 06 月出生，男，青海省乐都县人。1988 年毕业于桂林冶金地质学院（现名为桂林理工大学）地球化学勘探专业。1995 年毕业于中南工业大学（现名为中南大学）矿产普查与勘探专业，获硕士学位。2005 年毕业于吉林大学地球科学学院岩石学、矿物学、矿床学专业，获博士学位。毕业后一直从事地质矿产勘查、地球化学勘查工作。

1988 年 7 月～1998 年 2 月，在青海有色地质矿产勘查局物探队、矿勘院工作，先后任技术员、组长、项目负责；1998 年 2 月～2012 年 8 月，历任青海有色地质矿产勘查局副总工程师、地矿处处长、总工程师；2007 年 9 月，任青海省地质矿产勘查开发局党委委员、局长助理、副总工程师兼青海省地质调查院院长；2012 年 8 月至今，被省委任命为青海省地质矿产勘查开发局总工程师，负责全局的技术管理。兼任青海省科学技术协会副主席。

潘彤，近三十年来把自己的青春无怨无悔地奉献给了青藏高原的地质找矿事业。不断实践探索，寻找矿化露头，敏锐捕捉地质异常，勇于创新找矿理论，善于谋求勘探突破。先后与广大技术人员发现矿床（点）十余处，其中在肯德可克钴铋矿、果洛龙洼大型金矿的发现，以及三江成矿带铜铅锌矿规模扩大方面起到了关键作用。先后获得省部级科技进步奖一等奖 2 项，二等奖 6 项，三等奖 1 项。结合生产完成专著 6 部、地质报告 10 份，发表论文 50 余篇。目前任全国勘查地球化学委员会委员、矿床地质专业委员会委员。是"新世纪百千万人才工程"国家级人选，享受国务院特殊津贴，获得第十届全国青年地质科技奖金锤奖，荣获全国五一劳动奖章和全国先进工作者荣誉称号。

主要科学成就和贡献

20 世纪七八十年代，社会上宣传的大多是李四光、王进喜等为地质找矿而艰苦奋斗、无私奉献的先进事迹和人物。潘彤和许多年轻人一样，对地质事业充满了崇敬和羡慕，立志做一名出色的地质人。1984 年 7 月，他如愿以偿地考取了桂林冶金地质学院。毕业后他义无反顾地回到家乡，投身于青藏高原找矿事业。与广大地质人一起跋山涉水，风餐露宿，潜心钻研。在自然环境恶劣的青藏高原，他始终以饱满的热情和积极的工作态度，追求着自己当初的地质梦想。他先后从事地球化学勘查、矿产普查、地质科学研究和地勘项目部署，以及公益性、基础性、战略性地调项目技术领导和组织实施工作。是 2008 年新设国家项目"青藏高原地质矿产与评价专项"青海片区主要技术领导，在全局 6 个国家级和 7 个省级整装勘查项目的技术指导上发挥了积极作用。为了及时掌握找矿信息和指导野外工作，他每年在野外工作的时间超过 50 天，积累了丰富的地质找矿理论知识、矿产勘查野外工作经验，具备了重大项目关键技术的攻关能力。他敢于创新，将基础地质研究、成矿理论与矿产勘查实践紧密结合，着力解决制约地质找矿突破的重大技术问题。创造性地开展了青藏高原北缘地质找矿工作，取得了显著成果。

一、勇于创新，使青藏高原矿产勘查成果突出

1998～2002年，他任青海省有色地质矿产勘查局（以下简称"青海省有色地勘局"或"有色局"）副总工程师期间，在有色局主要工作的东昆仑地区，以喷流－沉积理论部署地勘工作，打破了东昆仑祁漫塔格地区找矿长期徘徊不前的僵局；在肯德可克铁矿的围岩中发现了钴铋金矿，使他获得了2000年原国家有色工业局找矿发现一等奖。钴矿找矿区域扩大到整个东昆仑带并发现多个伴生钴矿床，2008年东昆仑钴矿成矿系列获青海省科技进步二等奖。在东昆仑西段取得找矿进展基础上，进一步分析地质成果资料，在东昆仑成矿带东段的都兰地区部署1500平方千米1：5万水系沉积物扫面工作，先后新发现果洛龙洼金矿、肯得弄舍铅锌金矿等矿床，在金及多金属方面取得重要进展，为后期找矿突破奠定了基础。

2002～2007年，他主持青海省有色地勘局地质技术工作以来，取得了三方面重大成就。一是加大对重大成果的跟踪指导。在果洛龙洼金矿预查到普查再到局部详查过程中，他先后十多次到野外现场技术指导。目前以果洛龙洼金矿为主体的沟里地区国家级整装勘查区，累计探获金资源量超过100吨，实现了造山型金矿找矿重大突破。二是针对政府对铁矿找矿的突出需求，攻坚铁矿突破。使尕林格铁矿资源量大幅提升，达到1.8亿吨。根据区域地质特征及矿床磁异常特征，他认为该地区进一步寻找铁矿的前景巨大，铁资源储量有望增加到3.0～5.0亿吨。为省政府决策提供重要地质依据，也为国家级柴达木循环经济区开发提供了铁矿资源保证。三是深化已知区带成矿认识，不断开辟新的找矿靶区。先后开辟了东昆仑钴金找矿靶区、三江北延铅锌银找矿靶区及西藏左贡－类乌齐铅锌找矿靶区。在这些找矿靶区中，青海境内先后发现了肯德可克钴铋金矿、督冷沟铜钴矿；西藏地区

发现了斜道峡、哈拉山、堆拉铅锌矿等矿床（点）。

2007~2015 年，他任青海省地质矿产勘查开发局副总工程师、总工程师主持国家基础性、战略性工作以来，取得了丰硕的找矿成果。一是以青海省重大专项为依托，以沉积成矿系统理论为指导，应用"莫海拉亨式铅锌矿模式找矿标志"，新发现矿床（点）五处以上，新增铅锌资源量 302 万吨、铜 12 万吨、银、956 吨。二是依托中国地质调查局矿调项目，共圈定各类异常300 余处，为青海省部署新一轮的找矿工作提供了重要依据。三是为适应新的地质形势需要，在他的带领下，2008~2015 年青海省地质矿产勘查开发局地勘工作，紧紧围绕省地质勘查规划和省政府"找大矿、找好矿"、以及"358 地质勘查工程"（三年取得新进展新成果、五年实现重大突破、八年形成勘查开发新格局的目标），积极探索地质找矿新机制，精心组织实施找矿突破战略行动。在全局广大职工不懈努力下，青海省地勘经济发展上了新台阶，地质勘查工作实现了重大突破，圆满完成了"青藏专项"、"358 地质勘查工程"的目标任务，为青海省经济社会发展提供了资源保障。

二、坚持科技引领，在不断总结找矿成果基础上，形成自己的认识和找矿理论

潘彤将理论与实践相结合，结合点上、面上的找矿成果和进展，与国家、地方经济需求结合，先后在国内外各类期刊发表学术论文 50 余篇，专著 6 部，形成了自己的认识和找矿理论。

1. 与找矿紧密联系，取得找矿发现后，总结形成找矿理论

针对东昆仑地区找矿徘徊局面，潘彤 1995 年负责承担了中国有色总公司地质总局项目——"柴达木周边大型金、铜矿床成矿规律和预测"。通过不断探索研究，总结了柴达木南北缘金、铜矿床成矿规律，并提出了东昆仑西段奥陶纪具有形成喷流-沉积型矿床的条件的认识，祁漫塔格地区是多金属矿有利靶

区。1998年担任青海省有色地勘局副总工程师后，依据该认识部署工作，点上结合肯德可克铁矿的地质背景，对以往铁矿外围岩泥硅质岩、石榴子石硅质岩加强工作，在热水喷流沉积岩中发现了钴、铋、金矿，从而使其成为多矿种、高品位、可综合利用、价值极高的矿床。由于该矿的发现，2000年潘彤获原国家有色工业局找矿发现一等奖。以喷流沉积成矿理论为指导，他与技术人员一起安排尕林格矿区富铁矿的详查工作，资源储量明显增加，规模达到大型。潘彤结合区域成矿条件，提出对祁漫塔格地区的其他铁矿开展进一步勘查工作后，铁资源储量有望增加到3.0~5.0亿吨。该地区铁多金属矿产资源开发及配套项目列入国家级柴达木循环经济区开发项目，对促进青海经济持续发展起到积极作用。在东昆仑东段，创造性地部署沟里地区的1：5万水系沉积物基础地质工作，先后发现了果洛龙洼金矿、督冷沟铜钴矿、肯得弄舍铅锌金矿等矿床。通过指导果洛龙洼金矿普查、详查工作，取得了重大突破。目前果洛龙洼金矿达到大型规模，以此为支撑的沟里整装勘查区金矿规模超过了100吨。

2001年在参与中国地质调查局下达的"东昆仑成矿带重大找矿疑难问题研究"课题，首次提出并建立了东昆仑成矿带钴矿系列，出版了《青海省东昆仑钴矿成矿系列研究》。用该理论认识指导野外生产，除肯德可克钴铋金矿的发现外，其后新发现的钴矿有赛钦铜钴矿、海寺铁钴矿、督冷沟铜钴矿。对东昆仑成矿带钴矿成矿规律、成矿系列进行了深入探讨。区带钴矿研究据了解在我国尚属首次，丰富了我国钴矿理论研究。该成果获得2010年度青海省科技进步二等奖。

其后针对东昆仑地区找矿的疑难问题，潘彤以项目负责身份先后申报了国土资源部"创新工程"课题——"青海省东昆仑地区有色、贵金属矿产成矿系列研究"、国土资源部行业基金项目"东昆仑地区多金属成矿系列与找矿突破"等项目，与全局的地勘工作紧密结合，针对性地解决找矿问题，出版了《青海省东昆仑有色、贵金属矿成矿系列研究》专著，为东昆仑地区不同矿种、不同时空的找矿突破提供理论基础。

针对全省成矿背景与金属矿的关系，他以近年在基础地质调查、矿调工作取得的一大批新资料和新认识为基础，建立了青海省"四弧一楔一隆"（"四弧"即：北祁连弧后盆地、柴北缘弧后盆地、祁漫塔格弧后盆地及乌丽-囊谦弧后盆地；"一楔"即：东昆仑增生楔；"一隆"即：青藏高原隆升）控矿格局，基本控制了全省大部分金属矿产资源的产出，每一构造单元或构造作用均形成独具特色的成矿作用。为今后开展地质科学研究和进一步找矿勘查奠定了基础。

2. 掌握一手资料，提升研究水平

对于自己承担的科研项目，潘彤亲自到野外现场采集不同类型的样品，甚至挑选单矿物。2010年主持青海省重大专项——"青海省三江成矿带铅锌矿综合评价及技术应用开发"研究课题，仅在莫海拉亨式矿区就用了一个星期进行有关样品采集、关键地质剖面测制等实际工作。通过扎实的野外工作，首次提出了斑岩铜矿成矿系统和沉积铅锌矿成矿系统，建立了该区不同成矿系统的找矿标志，有效指导了该区铅锌矿找矿工作，该成果被同行专家评定达到国际领先水平，2014年度获得青海省科技进步二等奖。出版了《莫海拉亨式铅锌矿模式》《青海省"三江"北段铜多金属矿床成矿规律及成矿预测》专著，为青海省三江成矿带成为国家铅锌基地提供理论支撑。

3. 围绕国家、地方经济发展，提出地质工作认识

围绕当前的地质工作形势，依据青海省地质矿产的成矿规律、矿产资源家底情况以及青海省地质工作方面存在的问题，提出了青海省下一步基础地质、矿产勘查、环境地质工作思路。出版了《新时期青海省地质工作思考》一书，为不同群体了解青海省地质工作提供了重要参考。

2007年以来，作为副项目负责参与了"青海省矿产资源潜力评价"工作，建立了不同矿床类型典型矿床成矿模式、预测模型以及区域成矿模式、区域预测模型，对圈定预测区进行优选和排

序等提出建设性意见。预测了全省钾盐、铅锌、铜、金等优势矿产资源量。为编制矿产勘查规划和政府决策提供了科学依据。

2012 年通过对美国页岩气的考察，结合青海省地质背景，向省人民政府提出加强青海省页岩气的工作建议，并用青海省地质矿产勘查开发局（以下简称"青海省地矿局"）地勘基金进行全省页岩气的调查评价工作，回答了青海有没有页岩气、页岩气的资源潜力以及进一步工作的靶区等问题，为青海省洁净能源的勘查提供了依据。

三、精心技术组织，青藏高原地质找矿实现重大突破

潘彤自 2012 年担任青海省地矿局总工程师以来，提出扩大东昆仑成矿带找矿成果，深化认识柴达木盆地钾盐找矿、柴北缘成矿找矿，拓展北祁连成矿带找矿，在生态保护的前提下推进"三江"成矿带北段找矿思路。

根据青海省区域成矿特点，明确了主攻矿种、类型和方向，为青海地质找矿工作总体部署提供了科学依据。

1. 精心组织，找矿取得突破

潘彤依据地质成矿特点和规律，确定了面上展开、区域控制、点上突破、勘查与开发相结合的工作原则。对承担的 13 个国家级、省级整装勘查项目，实现统一规划、统筹资金、统一部署、统一实施的"四统一"管理模式，精心组织安排。

在潘彤的求真务实和全身心投入的精神鼓舞下，广大地质人顽强拼搏、扎实工作，使青海地矿局在"十二五"期间取得了突出的成果。

地勘工作呈现出五大特点：一是地勘资金大规模投入。2011~2015 年，青海地矿局共落实各类地勘项目 1147 项次，总资金 59.97 亿元。尤其是 2012 年落实各类地勘项目 269 项，经费 16.8 亿元，达到历史最高峰。二是形成大兵团作战格局。三是野外生产设备、装备水平和能力迅速提高。钻探施工能力突破

年 10 万米，实验测试能力达到年 50 万件。四是基础地质调查成效显著。发现了一批可供进一步勘查、具有寻找大中型矿床潜力的靶区，为全省地勘工作部署提供了重要依据。五是提交了一批矿产地，资源保障能力大幅增强。共提交普查基地 24 处、新发现矿产地 25 处、可供开发矿产地 19 处。新增铁矿石资源量 2.19 亿吨、铜镍铅锌 792 万吨、金 176.1 吨、煤炭 1.3 亿吨、深层粗颗粒相钾盐 3.9 亿吨。

经过"十二五"的不懈努力，青海地矿局地质找矿成果显著，走在全国前列，形成了新的资源勘查格局。

取得了"三大发现"：在祁漫塔格地区夏日哈木首次发现超基性岩铜镍矿床，探获镍资源储量 110 万吨，共伴生铜 21.76 万吨、钴 3.81 万吨，达到超大型规模，成为我国第二大镍矿床；在青海共和县首次钻获干热岩，井底温度达 183℃；多目标化学调查首次在青海省东部发现 3000 平方千米的富硒、富锗土壤，为特色农业发展起到了积极推进作用。

实现了"三大突破"：在那西郭勒发现 BIF 沉积变质型铁矿新类型，填补了青海省该成矿类型的空白；柴达木盆地西部深层卤水钾盐勘查取得重大突破，资源量大幅提升，为钾盐找矿开辟了第二空间，列为国家级钾盐重点勘查区；东昆仑镍矿找矿取得重大突破，夏日哈木百万吨级岩浆熔离型镍矿床规模列居全国第二。

形成了"四个基地"：祁漫塔格地区铁铜铅锌千万吨级资源勘查开发基地；青南玉树、沱沱河地区两个千万吨级铜铅锌国家战略储备地；东昆仑千吨级金多金属矿勘查开发基地，都兰县将形成黄金冶炼中心，成为中国新的金都；为柴达木国家级循环经济试验区建设提供了资源保障。

2. 地勘成果集成，成效显著

潘彤针对全局地质成果申报重视不够、基层地勘单位对地勘成果集成不熟悉的现状，2012 年开始每年开会专题布置、会后狠抓落实，同时修改完善局成果奖励管理办法，鼓励对国家、省部级科技进步奖的申报。对相关单位成果亲自指导，完善申报材料。在他的不懈努力下，青海省地矿局勘查人才队伍得到极大提升，科研能力进一步增强。获得矿产勘查技术方法和找矿重要基础研究奖励 60 项。其中，1 项荣获国家科技进步特等奖，7 项获国土资源部科学技术二等奖，24 项获"十二五"期间重大地质找矿成果奖，18 项获"十二五"期间重大地质勘查（察）成果奖，10 项荣获青海省科技进步奖。明显提升了青海省地矿局在全省科技创新的影响力与知名度。

3. 超前谋划，及时调整地质工作布局

熟悉潘彤的同事都知道他知识丰富，在科技界接触面广，熟悉省情，善于宏观思考。随着地勘形势的变化，他能够及时抓住地质工作的重点，提出适应形势的战略思路。2014 年年底的成果汇报总结中，他提出今后地质以全力支撑资源能源安全保障、精心服务青海经济工作为主题，以加快地质战略性结构调整为主线，要在高效利用资源和生态文明建设方面取得更大突破。明确了具体的工作措施：①矿产勘查集中在柴达木盆地周边及盆地，兼顾其他成矿带；②重点加强金、铜、石墨、"三稀"、铀矿、昆仑玉、铅锌铁等矿产的调查；③柴达木盆地在继续加大油钾兼探的基础上，重视铀矿的评价；④加大优势新能源的调查研究；⑤顺应城镇化，开展城市地质工作；⑥加强生态环境、地球化学调查和农业地球化学调查。

正因为潘彤准确把握地质工作趋势，使青海省地矿局在矿业经济下滑的这几年，仍然保持了很好的发展势头，拓展了新的找矿靶区，开辟了许多新的勘查领域，取得了丰硕的找矿成果，提交了一批新的勘查基地，提升了资源量，确保了全省地勘经济主力军的地位。

四、带队伍、抓生产，在科研平台建设和成果集成中不断提高管理能力

2007～2012 年，潘彤担任青海省地质调查院院长期间，确立

了"出成果，出人才，构建和谐地调"的发展战略。通过超前谋划、精心组织，强化区带突破，建设科技人才平台，在地质找矿、科研平台、人才培养、精神文明建设等各方面取得了可喜成绩，并做出了重要贡献。

1. 组织协调，公益性、基础性、战略性地质工作成果突出

承担的以中国地质调查局为主的公益性、基础性、战略性地质工作项目，在顺利完成任务的基础上，取得了五个方面的主要成果。一是圈定各类靶区及异常300余个，为青海省部署新一轮找矿工作提供了重要依据；二是"三江"地区寻找超大型矿床的轮廓进一步明朗。仅然则涌-莫海拉亨国家整装勘查区多金属资源量新增在300万吨以上，为保障国家资源安全提供基础需求，拓展了服务领域和发展空间；三是1∶25万黄河源区、长江源区生态环境地质调查等项目的实施，为服务地方经济发展，为政府决策提供了科学依据；四是对严重缺水地区地下水勘察和地质灾害调查，为解决青海省农牧区人畜饮水困难，在严重缺水的民和、乐都、乌兰等7个县实施了地下水勘察示范工程，共建立地下水开发示范供水工程31处，效果明显、成绩显著，深受当地政府和群众欢迎；五是通过青海省重点成矿带与矿集区矿产资源开发多目标遥感调查与监测、1∶25万遥感调查，为政府决策整顿青海省矿业开发秩序提供了快速有效的影像证据。通过"中亚五国及我国周边地区1∶100万遥感地质矿产与资源环境解译"和"全球重要成矿带遥感地质矿产信息提取（青海省地质调查院）"两个境外项目的实施，奏响了"走出去"的战略序曲。

2. 重视科研平台建设，致力科技引领和高水平成果的涌现

潘彤高度重视科研工作，他认为科研平台是科研工作的重要载体，依据青藏高原地质工作发展、整合相关资源、凝练研究方向，为解决青海省境内制约找矿实现重大突破的地质问题的厘定与破解，为找矿工作部署提供科学支撑，建立了青藏高原北部地质过程与矿产资源重点实验室；为引进新的勘查技术方法，建立了教育部隐伏矿床研究中心西宁工作站，引进地电化学集成技术在青藏高原干旱荒漠区及冻土覆盖区开展寻找隐伏金属矿研究及找矿预测。通过近几年在扎家同哪金矿区和多才玛铅锌矿区对已知隐伏矿体分布区的工作，证明该方法不但可以反映矿体的空间投影位置，而且对矿体的埋藏相对深度和走向延伸、矿体相对规模的大小等特征均有一定的指示作用。作为青海大学特聘"昆仑学者"，潘彤以重点实验室主任身份，帮助建立青藏高原北缘新生代资源环境重点实验室。在建设科研平台同时，他高度重视重大科研项目立项、实施工作。在总体思路、总体目标设定、技术方案确定、疑难问题解决等方面亲自安排，起到了重要的决策和领导协调作用。在他的组织下，多项成果鉴定为国际领先、国际先进，获得国家级、省部奖项多次。其中获得国家特等奖1项，他本人也先后获得青海省科技进步二等奖2项、三等奖1项。

3. 搭建人才平台，培养高层次人才

针对青藏高原地质工作对高层次人才的需要，建立了西北地勘单位首个博士后工作站。作为博士后合作导师，先后合作培养博士后3名（2名已出站），以博士后工作站为龙头的科技创新团队已形成。为高层次人才培养、成果转化做出了突出贡献，也为我国欠发达西部地区人才的培养引进积累了经验。建设青海省地质工程人才"小高地"，在青海大学设立博士后工作站分站，让年轻的教授参与潘彤主持的国家、省部级科研工作。通过以上工作，多名科技工作者成为省、部级科技领头人和科技骨干。

地质成果和人才不断涌现同时，精神文明也取得优异成绩。2008年全国争创文明领导小组授予青海省地质调查院"全国学习型组织优秀单位"荣誉称号；2009年青海省人民政府授予青海省地质调查院"青海省模范集体"荣誉称号；2011年青海省地质调查院获"全国文明单位"荣誉称号。

潘彤从基层技术员做起，一步一个脚印，成长为青海省地矿局总工程师。他技术业务扎实，野外经验丰富，工作作风踏实，勤于

实践，刻苦求索。每年在青藏高原野外生产一线工作 1~3 个月，与广大技术人员捕捉地质异常。勇于创新找矿理论，善于谋求勘探突破。无论在地质找矿方面，还是科学研究方面，均取得了可喜的成绩，为青藏高原的地质找矿和人才培养做出了突出贡献。

代表性论著

1. 潘彤. 2015. 青海省柴达木南北缘岩浆熔离型镍矿的找矿——以夏日哈木镍矿为例. 中国地质，42（3）

2. 潘彤，李善平等. 2014. 莫海拉亨铅锌矿成矿模式. 北京：地质出版社

3. 潘彤. 2013. 青海省五年地勘成果及找矿部署. 青海国土经略，05：45~52

4. 王秉璋，罗照华，潘彤等. 2012. 青藏高原祁漫塔格地区早古生代火山岩岩石构造组合和 LA–ICP–MS 锆石 U–Pb 年龄. 地质通报，31（6）

5. 潘彤，拜永山等. 2011. 青海省东昆仑有色、贵金属矿成矿系列研究. 北京：地质出版社

6. 陈建平，潘彤等. 2010. 青海省"三江"北段铜多金属矿床成矿规律及成矿预测. 北京：地质出版社

7. 潘彤，王秉璋，王富春. 2009. 新时期青海省地质工作思考. 西宁：青海省人民出版社

8. 潘彤，罗才让，伊有昌，钱明. 2006. 青海省金属矿产成矿规律及成矿预测. 北京：地质出版社

9. 潘彤，孙丰月，李智民，朱谷昌. 2005. 青海省东昆仑钴矿成矿系列研究. 北京：地质出版社

10. 潘彤，马梅生，康祥瑞. 2001. 东昆仑肯德可克及外围钴多金属矿找矿突破的启示. 中国地质，28（2）：17~20

李四光地质科学奖

地质科技研究者奖获得者

沈树忠

小　传

　　沈树忠，男，中国科学院南京地质古生物研究所研究员，2015年当选中国科学院院士。1961年10月生于浙江省湖州市。1981年毕业于浙江煤炭工业学校地质专业（中专），该学校1999年被并入浙江工商大学。毕业后被分配到浙江长广煤矿公司查扉矿担任井下地质技术员。沈树忠年轻时发奋努力，在查扉煤矿工作期间，利用业余时间刻苦自学大学高等数学、英语和地质类专业课程等，1983年9月以同等学历身份和优异的成绩考取中国矿业大学北京研究生部出国硕士研究生，后因没有本科学位而转入国内硕士研究生学习。1986年在中国矿业大学（徐州校区）继续攻读煤田地质与勘探专业博士学位，师从何锡麟教授，主要研究方向为煤系地层与腕足动物，1989年获得博士学位。1995年被当时的煤炭部选拔赴日本开展博士后科研工作，1996年10月赴日本新潟大学理学部与田泽纯一教授合作开展中日二叠纪腕足动物化石和生物古地理研究，1997年6月应石光荣教授邀请赴澳大利亚Deakin大学继续博士后研究，主要从事西藏、澳大利亚等冈瓦纳大陆二叠纪地层和腕足动物化石研究，2000年年底由中国科学院"百人计划"引进到南京地质古生物研究所工作至今。他热衷于古生物学和地层学研究，工作勤奋踏实，学风端正严谨，研究视野开阔，积极组建研究团队，承担的"百人计划"项目在终期评估中被评为优秀，于 2003 年获得国家杰出青年基金，2004 年他作为学术带头人获得国家自然科学基金委员会（简称"基金委"）创新群体资助，他与南京地质古生物研究所晚古生代团队成员共同努力，多年来取得了一系列重要成果，该项目被基金委两次评为优秀，并获得 6+3 资助，使得团队的研究在国际国内同领域中占有一席之地。2006 年任 973 计划"地史时期海陆生物多样性演变"项目首席科学家，经全体努力，2010 年结题后被科技部推荐为 973 重大科技成果优秀案例。2006~2015 年底担任现代古生物学和地层学国家重点实验室主任，在重视传统优势领域的同时，推进跨学科综合交叉与创新工作，多次组织国内古生物学领域实验室及国际学术同仁开展研讨和合作，使实验室在古生物学和地层学领域中发挥重要作用，在 2010 和 2015 年科技部地学领域国家重点实验室评估中均被评为优秀类实验室。2012 年起任基金委重大项目"古生代海洋重大生物事件"首席科学家。

沈树忠带领团队立足于国际前沿，在二叠纪地层、腕足动物、牙形类化石和二叠纪末生物大灭绝等研究领域中享有较高的国际知名度。2004~2008 年他担任国际二叠纪地层分会的秘书和选举委员；2006 年起任国际乐平统工作组组长；2012 年当选为国际二叠纪地层分会主席和国际地层委员会选举委员，主持和推动国际二叠纪高精度综合年代地层框架的建立和洲际间对比等工作。国际古生物协会副主席 Lucia Angiolini 教授、美国古生物协会前主席 Douglas Erwin 博士和国际二叠纪地层分会前主席 Charles Henderson 教授等评价："由他领导的晚古生代团队在古生代、中生代之交重大事件研究方面居于国际前沿，与他们合作也成为我们研究中的亮点"。他现任 Elsevier 出版社的 SCI 刊物《Palaeoworld》和二叠纪地层分会通讯《Permophiles》主编以及《Palaeo-3》、《中国科学－地球科学》等杂志的编委。代表中国在第二届国际古生物大会、第 16 届国际石炭–二叠纪地质大会等重要国际会议上作大会特邀报告，应邀在 AAAS 年会、美国地球物理年会（AGU）等国际会议上做特邀报告。作为大会共同主席组织召开了国际石炭–二叠纪地质大会、第七届国际腕足动物大会、古生物学前沿论坛等重要国际国内会议。

他迄今已在国内外近 60 余种专业刊物上发表论著 220 余篇（册）（第一或通讯作者 100 余篇），包括 SCI 收录论文 100 余篇，出版专著或主编专集 14 册（第一作者 7 册），并多次获得重要奖励，包括国家自然科学二等奖（2010，R2）、江苏省科技进步一等奖（2008，R2）、国家六部委的优秀回国人员成就奖（2003）、新世纪百千万人才工程国家级人选（2004）、优秀百人计划（2004）、江苏省高层次人才突出贡献奖（2011）及第七届尹赞勋地层古生物学奖（2013）等。

主要科学技术成就与贡献

沈树忠在二叠纪地层学、二叠纪末生物大灭绝与环境变化、腕足动物和牙形类化石古生物学、全球生物古地理等方面取得了系统性和创新性成果。

一、二叠纪综合地层学

国际地层委员会的目标是建立全球统一的地质年代系统，以满足日益增长的高精度地层对比和重大生物及地质事件研究的需要。二叠纪是地质历史中最为关键的转折时期之一，当时全球形成横跨南北的统一泛大陆，生物地理区系强烈分异，致使洲际间地层对比颇为困难，一个高精度的综合年代地层框架是了解当时发生的一系列重大生物和地质事件性质的关键，而华南、青藏高原等地正是解决冈瓦纳大陆与特提斯大区间地层对比的关键地区。西藏南部地区长期以来由于把色龙群、曲布日嘎组等归于栖霞期（早二叠世晚期）而被认为缺失中、上二叠统的海相沉积，二叠系—三叠系之交存在长达 2000 万年的沉积间断。1994 年以来，沈树忠多次深入西藏高海拔地区开展了大量野外和室内分析研究，通过对藏南地区色龙、曲布、土隆、姜叶玛等一系列二叠系—三叠系剖面及其动物群的研究后认为长期以来被归于下二叠统的色龙群和曲布日嘎组等含有典型的晚二叠世腕足动物和牙形类化石群，与位于冈瓦纳北缘的印度北部的 Spiti 地区的 Kuling 页岩、巴基斯坦盐岭的 Chhidru 组、尼帕尔中西部的 Senja 组等的动物群可以对比，并根据采集的详细化石记录建立了该地区上二叠统的海相化石系列以及碳同位素变化规律，提出藏南地区二叠系—三叠系界线附近为连续沉积等新观点，藏南地区的二叠系—三叠系之交的化石系列被国际同行用来作为冈瓦纳北缘地区对比的主要标准之一，同时也为研究二叠纪末生物大灭绝在南方高纬度地区的表现形式奠定了基础。

乐平统与瓜达鲁普统之交在全球范围内发生了地质历史时期最大规模的海退事件，这次海退事件导致泛大陆的大部分地区在晚二叠世露出海平面，没有接受海相沉积。二叠系的划分和对比150 年以来采用的是俄罗斯乌拉尔南部地区的标准，然而，由于这一地区的上二叠统鞑靼阶是陆相或者蒸发相沉积，不含可海相化石，因此，无法进行洲际间对比。而华南地区延续了早、中二叠世的海洋环境，接受了海相沉积，寻找乐平统与瓜达鲁普统之间连续的剖面成为解决乐平统底界标准（"金钉子"）的关键。为了解决长期以来存在的上二叠统洲际对比的难题，1992 ~ 2005年，他协助已故金玉玕院士研究，先后近二十次赴广西来宾进行野外工作。1992 年他作为最早的研究者之一实测了广西来宾蓬莱滩的整个乐平统剖面，采集了大量的腕足类、菊石类和牙形类标本。1999 年他又组织由俄罗斯、美国、加拿大等国专家组成的国际乐平统工作组完成了对广西来宾蓬莱滩剖面的现场考察，同时还完成了来宾蓬莱滩剖面腕足类和菊石类两个化石门类的研究工作。俄罗斯专家长期以来反对以俄罗斯以外的上二叠统剖面为标准进行洲际间对比，这次联合考察彻底改变了多位专家的传统观点，俄罗斯科学院古生物研究所副所长 Tatyana Leonova 博士、Karasev V. Krassilov 院士等参观完评述道："我们参加了由沈树忠……带领的国际工作组组织的野外考察，参观了华南来宾地区的二叠系剖面……我们被那儿的二叠系剖面的质量和中国同行所做的工作所折服，我们看到了世界上最为完整的，出露最连续的二叠系剖面。"（见：Permophilles，1999，第 34 期，36 页），为国际二叠纪地层分会最终投票通过广西乐平统底界"金钉子"提案奠定了基础。

他从澳大利亚回国以后，又积极参与长兴阶底界的"金钉子"研究工作，完成了大量野外采集和腕足类化石的研究工作，经过国际乐平统工作组大量细致而艰苦的工作，乐平统和长兴阶底界两颗"金钉子"最终于 2005 年被批准在中国广西来宾蓬莱滩和浙江长兴煤山，他是乐平统和长兴阶底界两枚"金钉子"的大量野外工作组织者和室内研究的主要完成人之一，为国家争得了荣誉。两个"金钉子"确立以后，沈树忠接手已故金玉玕院士领导的国际乐平统工作组，组织完成了大量"金钉子"建立以后的研究以及"金钉子"保护区和纪念碑的设计建设工作，使得这两个"金钉子"附近的生物地层、化学地层以及高精度测年等的对比精度大幅提高，为解决这一时段国际间高精度对比和科普宣传等做出了实质性的贡献。

此外，2006 年以来沈树忠两度领衔基金委资助的重点国际合作项目，主持"中科院国际合作伙伴计划"，开展多门类生物地层、化学地层和同位素年龄等综合交叉研究。多次领衔发表官方国际二叠纪年代地层表，所建华南等地乐平统和二叠系—三叠系之交的综合年代地层框架被国际地层委员会主席 Stanley Finney 教授等多次评价为新生代以前研究精度最高的，是国际地层委员会和中美双方基金委推崇的国际合作研究优秀案例。1994 年以来，他与团队成员一起在华南地区二叠系—三叠系之交采集了大量火山灰层，与美国麻省理工学院等机构的学者合作完成了大量火山灰样品的测年工作，国际年代地层表中二叠系—三叠系界线和长兴阶底界的两个年龄是目前国际地质年代表中仅有的由中国学者组织完成并以中国剖面为依据的年龄值，为建立国际地质年代系统做出了重要贡献。

二、系统古生物学、多样性和全球二叠纪生物古地理

腕足动物是古生代海洋中最为丰富的底栖带壳生物，在阐明动物群的纬度梯度、海水古温度变化以及分析全球生物古地理区系中发挥着重要的作用。沈树忠系统深入研究了包括中国、澳大利亚、日本、俄罗斯、希腊，以及东南亚各国在内的十多个国家和地区的一系列动物群，描述了一批具有重要演化意义的腕足动物新类群，包括220个属，450余种。在《中国显生宙腕足动物化石》一书中完成了石炭纪、二叠纪中国267个属的重新描述和厘定等总结性工作。近年来，他带领学生在华南、西藏等地开展了大量二叠纪—三叠纪牙形类化石研究，这些牙形类化石群对于阐明二叠系—三叠系之交的高精度对比，拉萨、羌塘等地多个块体的古地理和古气候演化发挥了重要的作用。

他是最早定量化研究二叠纪—三叠纪腕足动物多样性变化的学者之一。1996年在《Historical Biology》上发表了研究华南二叠纪—三叠纪早期腕足类多样性变化模式的论文，首次定量化地阐述了华南地区二叠纪腕足动物化石分别在乐平统、瓜达鲁普统之交和二叠纪、三叠纪之交的变化规律，其结果被英国知名古生物学家 Antony Hallam 和 Paul Wignall 撰写的《Mass Extinction and Their Aftermath》一书中用来阐述二叠纪晚期二次生物灭绝的模式。嗣后，他又在《Paleobiology》、《Geological Journal》等古生物领域重要刊物上发表系列论文，阐述前乐平世生物事件与当时全球大海退造成的大规模栖息地减少相关，前乐平世事件和二叠纪末生物灭绝事件是两个灭绝模式、幅度和原因均不同的事件等重

要观点，这些观点和插图分别被国际古生物协会现任主席 Michael Foote 教授等编入美国大学教科书《Principle of Paleontology》。

他带领团队建立了石炭纪—三叠纪目前唯一的全球腕足动物数据库和一整套定量分析方法，按阶进行了系统定量分析，据此建立的生物古地理演化模式，成为解释全球重建该时段各地体古地理位置和重要古海道（洋）开闭时间的主要依据之一。通过分析认为泥盆纪晚期和石炭纪早期由于当时有东西向的 Rheic 海的存在，泛大陆东西两侧海洋动物群交流通畅，因此，全球生物古地理区系不明显；而在早石炭世末期开始由于东西向的 Rheic 海道的逐渐关闭，横跨南北的泛大陆形成，东西向动物群交流严重受阻，全球生物古地理明显增强。同时通过系列文章阐明整个二叠纪是全球生物古地理最为发育的时期，按纬度梯度可以明显地分为三大不同的古地理区域，与纬度梯度相关的古温度变化和泛大陆这一地理屏障是导致二叠纪腕足动物强烈分异的主要因素，而二叠纪末由于海洋环境快速恶化导致生物大灭绝，底栖生活的腕足动物遭受重创，生物古地理区系彻底消失，直到中三叠世才得以恢复，相关成果被国际知名刊物《Science》的文章等引用，分析和解释方法被国际同行在其他时代多个不同门类化石的生物古地理分析中所应用。

二叠纪还形成了具有重要地质历史意义的古特提斯洋，是当时的生物多样性和能量流中心，包括我国的羌塘、保山、腾冲和拉萨等在内的位于冈瓦纳大陆北缘的一系列块体逐渐从冈瓦纳大陆北缘分裂并向北漂移，从而形成多个大洋和板块俯冲带，并最终于中生代、新生代与欧亚大陆碰撞在一起，形成当今地质构造最为复杂的青藏高原，由于青藏高原由一系列地体组成，这些地体分别被多条缝合线所拼合，其古地理和构造演化历史难于恢复，争论颇多。沈树忠以及他的团队利用生物群对古温度和古气候的敏感适应和变化，通过藏南珠峰地区喜马拉雅特提斯带、雅鲁藏布江缝合带、拉萨地块以及云南西部的保山地块等块体中的一系列腕足动物、牙形类和蜓类动物群的系统研究和比较分析，从古生物化石群的演变规律揭示云南保山地块、雅鲁藏布江缝合带中灰岩外来体和拉萨地块中的动物群在早二叠世早期都含有冈瓦纳大陆特征的冷水动物群，而从早二叠世晚期开始已经明显具有冷、暖动物群混生的特征，与雅鲁藏布江缝合带以南的冈瓦纳大陆北缘典型的冷水动物群和沉积系列具有本质区别，从而推定这些块体在早二叠世晚期已经漂离冈瓦纳大陆，并在中、晚二叠世逐渐进入温带和热带地区，新特提斯洋在中二叠世已形成等重要观点。改变了长期以来拉萨地块在晚三叠世才漂离冈瓦纳大陆，新特提斯洋直到中、晚三叠世才打开的传统认识。

三、二叠纪末生物大灭绝及其环境背景

2.52亿年前的二叠纪末发生了地质历史时期最大的生物灭绝事件，导致当时海洋中约95%和陆地上约75%的生物物种灭绝，地球环境仿佛回到了5亿年前的荒寂世界，然而，这次灾难的原因长期以来没有明确的解释，其中最主要的科学问题如这次生物大灭绝发生和持续的时间、生物多样性变化的规律以及当时的海洋、陆地环境发生了什么样的变化等缺乏系统的研究。2006年以来，他带领团队开展大量的高分辨率生物地层工作，建立了华南和西藏地区的乐平统的高精度化石带，采集了华南地区海相、海陆过渡相和陆相二叠系—三叠系剖面的几十个火山灰样品，组织了煤山钻探工程，并多次召开中美双边专题讨论会，与麻省理工学院同位素测年实验室的 Samuel Bowring 教授、美国国家自然历史博物馆的 Douglas Erwin 博士等合作，开展大规模高精度的同位素稀释-热电离质谱方法（CA-TIMS）定年研究，建立起华南地区海相和陆相的高精度时间框架。与此同时，与团队王玥研究员等合作，建立数据库，运用最新的多样性定量统计方法开展晚二叠世—三叠纪初的生物多样性研究，减少和消除由于化石记录不完整、研究程度不同、岩相变化等因素造成的生物多样性偏差等难题，最终把二叠纪末生物大灭绝发生的时间卡定在

20万年以内，用大量数据论证了二叠纪末生物大灭绝的瞬时性。2014年，在同位素测年快速发展的同时，与麻省理工学院的专家再次合作对煤山剖面二叠系—三叠系之交的火山灰进行重新测定，把二叠纪末生物大灭绝的时间进一步卡定在6万年左右，从而确定二叠纪末生物大灭绝的突发性和瞬时性。近20年来有关煤山剖面二叠纪末生物大灭绝的高精度定年合作研究不但精确卡定了这次生物大灭绝的时间和速度，同时还见证和推动了国际CA-TIMS定年技术的快速发展。

发生在二叠纪末生物大灭绝期间的环境背景是了解生物大灭绝原因的重要依据。近十年来，他与团队成员和国际同行开展联合研究，在华南和伊朗等地开展了大量的同位素地球化学研究，建立起华南、西藏、伊朗等地整个乐平统至三叠系下部的碳、氧、锶、钙等同位素变化规律，通过分析发现二叠纪末生物大灭绝期间碳同位素发生明显变化，伴随这次大灭绝碳同位素在短短几万年的时间内有近5‰的负漂移，与此同时，海洋酸化和缺氧，全球微生物岩大量发育，海水温度快速升高，表明当时海洋的海水化学性质发生了明显恶化。

二叠纪末海相剖面中所证明的碳同位素快速强烈负漂、温度升高、海洋酸化、微生物岩发育等环境恶化现象最有可能的解释是二叠纪末大量温室气体的释放导致全球快速温室效应，如果解释成立，那么海相剖面中所观察到的上述环境变化现象在陆相剖面中同样应该有反应。然而，目前国际通用的年代地层标准均根据海相剖面的标准化石定义，因此，难于在陆相地层中应用，海、陆相剖面之间的高精度时间对比是一个长期以来未解决的难题，并导致无法正确理解二叠纪末生物灭绝事件在陆地上的表现型式。沈树忠多年来亲自带领团队成员，多次赴我国贵州、云南、新疆等地的多条陆相和海陆交替相的二叠系—三叠系剖面开展包括植物化石、孢粉、有机碳同位素、火山灰高精度定年、沉积环境、火焚碳屑等在内的研究，发现陆地生态系统中几乎在海相生物大灭绝的同时发生热带雨林大羽羊齿植物群的快速消亡、陆地环境快速干旱化、野火频发、土壤崩溃等环境剧变现象，并利用海陆过渡相和陆相剖面中高精度年龄等阐明海相剖面所观察到的所有有关环境恶化的现象在陆相剖面中都同样存在，首次实现海、陆相二叠系—三叠系剖面的高精度对比，证明了海陆相生物灭绝的同时性和瞬时性，为解决华南地区长期以来争论的陆相二叠系—三叠系界线提供了重要依据，并指出大规模岩浆活动造成全球地表环境巨变，导致全球海、陆生态系统在极短的时间内全面崩溃是生物大灭绝的主要原因。此外，沈树忠等在高分辨率生物地层的基础上，还详细论证了冈瓦纳北缘一系列剖面生物大灭绝的模式，证明二叠纪末生物大灭绝在南方中高纬度地区的表现特征与古赤道热带地区的表现特征基本一致，为阐明二叠纪末生物大灭绝事件的全球性提供了重要依据。

上述成果分别在《Science》《PNAS》《EPSL》《Palaeo-3》等刊物发表后，成为国内外同行关注的热点，其中 2011 年 12 月发表在《Science》上的成果被评为 2012 年度中国科学十大进展，多篇相关文章属被引用频次最高的前 1% 的论文，2013 年 2 月应邀在 AAAS 年会上做特邀报告，相关内容被编入美国大学教材《Evolution》。2014 年被美国 Smithsonian 研究院科教频道作为特邀嘉宾参与纪录片《Mass Extinction：Life at the Brink》的拍摄工作。英国知名古生物学家 Paul Wignall 教授等在《Science》上评述"这项以大量扎实数据为依据的新成果将大大有助于解读大规模火山喷溢活动与生物大灭绝的因果关系"。2014 年与麻省理工学院学者合作发表在美国科学院院报的文章为 2014 年度最佳论文之一，获得 Cozzarelli 奖。

天道酬勤：从中专生到中科院院士

沈树忠 1961 年 10 月出生于浙江省湖州市郊塘甸乡的万安村，父亲为普通工人，只有一点点文化，母亲务农，一字不识，自小家境贫寒，兄长和两个姐姐都仅仅小学毕业，但父母亲看到他自小就爱学习，都很重视。在得知湖州中学招收两个"农村班"后，通过村里选拔把他送到湖州中学学习。1977年高中毕业，国家恢复高考后他就参加了高考，但由于"文化大革命"期间学的是拖拉机、机电等农用课程，没考上，后在村里的中学当了一年的初中民办教师，第二年他参加了中专考试，并考上浙江煤炭工业学校，被分配到地质专业学习。在煤校学习阶段，他就重视英语和专业课程的学习，背单词，夜里听英文电台"美国之音"等，平时的积累对他后来的发展起到了非常关键的作用。三年的勤奋学习使得他人生道路发生了重大转折，并将他带到了地质行业中。1981年从浙江煤炭学校毕业后，他被分配到位于浙皖交界的长广煤矿公司查扉矿，当一名井下地质技术员。来到矿上以后，工作环境恶劣，条件非常艰苦，但他并没有放下书本，除了正常下井工作以外，他笃志好学，手不释卷，早上起来背英语单词，下午自学高等数学和大学专业课程，晚上做各种练习等。只用短短两年的时间，他学习了别人需要四年大学才能学完的课程。1983年，凭着自身努力，他以同等学历的身份考上了中国矿业大学北京研究生部的硕士研究生，师从何锡麟教授，硕士毕业后受到何教授的赏识在他门下继续攻读博士学位。何教授和其他老一辈科学家像对待本科生一样重视对他的培养，他们相信他虽然学历低，但最勤奋、最刻苦、最努力，将来一定会取得更大的进步。

天道酬勤，这是沈树忠长期以来的信念。1994年，加拿大地质调查所的一批同行想去西藏看二叠系剖面，找到南京地质古生物所金玉玕研究员合作，当时所里的年轻人嫌太艰苦、太危险，没人能去。当金教授打电话问还在徐州工作的他是否愿意去时，他毫不犹疑地答应下来。他孤身一人先到成都，再到拉萨，然后坐三天两夜的汽车到达希夏邦马峰地区与外国同行汇合。此后，他不畏艰苦，先后5次进入西藏，采集了大量的第一手材料，其中有一次由于感冒导致心肌缺血几乎没能出来。从此，他与西藏的二叠纪地层和腕足动物化石研究结下了不解之缘。1996年由于科研和教学工作突出，通过选拔被派往日本从事博士后研究，后应邀在澳大利亚继续研究中国的冈瓦纳，在国外期间，他始终潜心研究，发表了一批有关西藏和冈瓦纳大陆的论著，在国际国内古生物学界开始崭露头角，并受到国内一些资深古生物学家的关注。

1999年当中国科学院南京地质古生物研究所招聘"百人计划"时，他坚持自己的专业，带领全家，毅然回国。南京地质古生物研究所是世界知名的研究所，在国际古生物学和地层学领域享有很高的声誉，所里藏龙卧虎，强手如林，浓厚的学术氛围造就了一批具有国际水平的优秀人才。作为一个起步于中专的人，要想崭露头角，脱颖而出，需要比常人付出更大的努力，他始终勤奋好学、潜心钻研，谦虚坦诚、团结协作，主动为集体出力，在古生物学和地层学领域辛勤工作了近30年，并积极开展交叉研究，硕果累累，体现出较强的组织和综合研究能力，得到国内外同行的赞赏和研究所老一辈科学家和领导的重视，成为晚古生代研究团队的学术带头人，并担任国家重点实验室主任和973项目首席科学家。2012年当选为国际二叠纪地层分会主席，2015年当选为中国科学院院士。他在获得各种荣誉之后，始终保持刻苦钻研的精神，保持一位科学家应有的学者本色。

回顾过去，沈树忠说：每一个人的成功道路上，特别是在一些人生的转折点上，都离不开别人的帮助和教导。举个例子，当时为了考研究生，他就拼命学习，那时的查扉矿矿长严国兴先生非常支持矿上的年轻人学习，在临考前一个月，矿长不仅准了他一个月的事假，还给他报销去杭州复习考试的来回车票。沈树忠的母校浙江煤炭工业学校的班主任傅萧雷先生，在他临考研究生之前还在学校里找了一间实验室让他安静学习，给予辅导，帮他做饭，他就在那里打着铺盖完成了研究生临考前最后一个月的冲刺。回想当年从一个在农村考出来的中专生成长为目前的中国科学院院士，沈树忠感慨地说：他得到了老一辈科学家们的直接指

导和教诲，是老前辈的手把他带到了科学研究的殿堂，这就是他
最大的幸运之处。

代表性论著

1. Shen, S. Z., Crowley, J. L., Wang, Y., Bowring, S. A., Erwin, D. H., Sadler, P. M., Cao, C. Q., Rothman, D. H., Henderson, C. M., Ramezani, J., Zhang, H., Shen, Y., Wang, X. D., Wang, W., Mu, L., Li, W. Z., Tang, Y. G., Liu, X. L., Liu, L. J., Zeng, Y., Jiang, Y. F., Jin, Y. G. 2011. Calibrating the end-Permian mass extinction. *Science*, 334: 1367~1372

2. Shen, S. Z., Cao, C. Q., Zhang, H., Bowring, S. A., Henderson, C. M., Payne, J. L., Davydov, V. I., Chen, Bo, Yuan, D. X., Zhang, Y. C., Wang, W., Zheng, Q. F. 2013. High-resolution $d^{13}C_{carb}$ chemostratigraphy from latest Guadalupian through earliest Triassic in South China and Iran. *Earth and Plenatary Science letters*, 375: 156~165

3. Shen, S. Z., Shi, G. R. 2013. Late Palaeozoic deep Gondwana and its peripheries: stratigraphy, biological events, palaeoclimate and palaeogeography. *Gondwana Research* 24: 1~242. (Special Issue)

4. Shen, S. Z., Cao, C. Q., Zhang, Y. C., Li, W. Z., Shi, G. R., Wang, Y., Wu, Y. S., Ueno, K., Henderson, C. M., Wang, X. D., Zhang, H., Wang, X. J., Chen, J. 2010. End-Permian mass extinction and palaeoenvironmental changes across the Permian-Triassic boundary in the oceanic carbonate section in Neotethys. *Global and Planetary Change*, 73: 3~14

5. Shen, S. Z., Henderson, C. M., Bowring, S. A., Cao, C. Q., Wang, Y., Wang, W., Zhang, H., Zhang, Y. C., Mu, L. 2010. High-resolution Lopingian (Late Permian) timescale of South China. *Geological Journal*, 45: 122~134

6. Shen, S. Z., Clapham, M. E. 2009. Wuchiapingian (Lopingian, Late Permian) brachiopods from the Episkopi Formation at Hydra, Greece. *Palaeontology* 52: 713~743

7. Shen, S. Z., Xie Jun-fang, Zhang Hua & Shi G. R. 2009. Roadian-

Wordian (Guadalupian, Middle Permian) global palaeobiogeography of brachiopods. *Global and Planetary Change*, 65: 166~181

8. Shen, S. Z., Cao, C. Q., Henderson, C. M., Wang, X. D., Shi, G. R., Wang, W., Wang, Y. 2006. End-Permian mass extinction pattern in the northern peri-Gondwanan region. *Palaeoworld*, 15: 3~30

9. Shen, S. Z., Shi, G. R., Archbold, N. W. 2003. Lopingian (Late Permian) brachiopods from the Qubuerga Formation at the Qubu section in the Mt. Qomolangma region, southern Tibet (Xizang), China. *Palaeontographica Abt. A*, 268: 49~101

10. Shen, S. Z., Shi, G. R. 2002. Paleobiogeographical extinction patterns of Permian brachiopods in the Asian - western Pacific region. *Paleobiology*, 28: 449~463

潘桂棠

小　传

　　潘桂棠，中国地质调查局成都地质调查中心（成都地质矿产研究所）研究员，博士生导师。男，汉族，中共党员，1941年7月生，浙江温岭人，首批四川省科学技术学术带头人，享受国务院政府特殊津贴。1965年，潘桂棠毕业于北京地质学院地质系，同年分配到地质部西南地质研究所（成都地质矿产研究所）矿床室，1987~2002年，历任西南地质研究所科技处副处长、处长、所长助理、副所长、所长；2000~2013年，任中国地质调查局青藏高原地质研究中心主任。期间，1991年10月赴德国图宾根大学访问研究，2000年赴美国麻省理工学院地球行星与大气科学系访问研究。主要社会及学术兼职：中国地质学会构造专业委员会委员，全国地质编图委员会委员，全国地层委员会委员，中国地质调查局《地质通报》编委。

　　潘桂棠1965年从北京地质学院毕业后，便投身到祖国的地质事业，尤其是更为艰苦的青藏高原地质研究事业。他曾先后40多次进入青藏高原高寒缺氧无人区，多次带领国内外地质学家考察青藏高原，每次入藏时间都持续几个月，最长的一次在高原上跋涉8个月之久。青藏高原上茫茫的雪山、湍急的冰河、广衰的土地，都留下了潘桂棠的足迹，他为了寻找特提斯发生、发展和消亡的过程，始终不改初心、奋力前行。他的身上，闪烁着老一辈地质工作者"三光荣"精神及"青藏精神"。

潘桂棠主要从事区域地质、大地构造、新构造、区域成矿学研究，是我国最早从事青藏高原和中国西部各大山系研究的少数地质学家之一，致力于青藏高原及邻区基础地质调查及区域成矿研究，在青藏高原区域地质、形成演化、区域成矿及全国成矿地质背景等领域取得了一系列有重要影响的原创性认识和理论成果。他先后主持了国家"三江特别找矿工程"之重大科技攻关、"国土资源大调查专项"之青藏高原空白区地质填图工程及集成综合研究、"国家矿产资源潜力评价专项"之中国大地构造研究等6项重大项目，提出了特提斯洋陆转换多岛弧盆系演化模式等新的研究见解，在国内外核心刊物上发表了多篇重要论文，并作为第一作者出版多部学术专著，为青藏高原地质事业的发展做出了重要贡献。项目成果获得多项国家或省部级奖项，其中，国家科学技术进步特等奖1项、一等奖1项、国土资源科学技术一等奖3项、二等奖2项、西藏自治区科学技术二等奖1项。鉴于潘桂棠对青藏高原地质事业的突出贡献，2015年其被授予第十四届李四光地质科技奖。

主要科学技术成就与贡献

一、原创性提出大陆边缘"多岛弧盆系"洋陆转换构造观，丰富和发展板块构造学说

1975~1978年，参加川西-藏北超基性岩铬铁矿成矿条件研究，1979年参加刘增乾主编的第一代青藏高原及邻区地质图编制工作。1980~1986年负责实施"青藏高原新生代构造特征及

高原形成关系"课题，历经 4 年野外工作，2 年综合研究，穿越 8 万千米路线调查，潘桂棠、王培生、徐耀荣、焦淑沛、向天秀编写成《青藏高原新生代构造演化》总结报告。潘桂棠主笔编写绪论、地质特征、构造盆地、内部冲断带、造山样式、新生代构造演化等章节，1990 年专著出版，被马杏垣为主审的委员会评价为"具有开创性的有关青藏高原新生代构造综合性著作"。十多年的跋山涉水、艰苦钻研，仅是青藏高原地质研究工作的入门。

青藏高原是破解特提斯之谜的"天然实验室"。自 1893 年徐士（Suess）提出"特提斯"概念以来，青藏特提斯形成演化一直是国内外地学界探求的重大地质科学难题。长期以来国内外学者以"传送带"和"开、合"等为主导的构造理论观点，认为青藏高原主要由冈瓦纳大陆裂离出的 5 大地体和 5 条缝合带组成，特提斯无大洋、是小洋盆消亡与地体拼贴而成。然而，青藏高原存在 21 条蛇绿混杂岩带和一系列不同时代及性质的岛弧、盆地。一个地区有如此众多的古洋盆-岛弧组合使得原有的构造理论观点难以解释。东南亚和太平洋西岸弧盆系的空间配置表明，西南太平洋是以弧后盆地消减、岛弧造山增生复合体完成大陆增生的，而不是以裂离自冈瓦纳的地体向北漂移的形式进行大陆增生。针对这一重大科学问题，1993～1995 年，潘桂棠牵头实施了国家计委资助的"东特提斯地质构造形成演化"项目，与陈智樑、李兴振、颜仰基、许效松、徐强、江新胜、吴应林、罗建宁、朱同兴、彭勇民等共同编写了研究报告并出版专著。潘桂棠主笔编写前言、特提斯时空结构、特提斯洋陆转换、多岛弧盆系演化模式等章节，在对以青藏高原为主体的东特提斯地质调查和研究实践基础上，首次提出了用多岛弧盆系构造模式来解释特提斯和亚洲大陆各大造山带的形成和演化。

潘桂棠认为的多岛弧盆系构造是指在古大陆边缘，受大洋岩石圈俯冲制约形成的前锋弧及前锋弧之后的一系列岛弧、火山弧、地块和相应的弧后洋盆、弧间盆地或边缘海盆地构造的组合体，整体表现为大陆岩石圈与大洋岩石圈之间的时空域中特定的组成、结构、功能、空间展布和时间演化特征的构造系统。大洋岩石圈俯冲形成的邻接大陆岩石圈俯冲带的岛弧称为前锋弧，大洋岩石圈向大陆岩石圈转换（即洋陆转换）的标志就是前锋弧及其多岛弧盆系构造的发育。大陆边缘多岛弧盆系构造中古老的弧后或弧间小洋盆及其岛弧边缘盆地萎缩消减，不是"碰撞不造山"，而是以弧后或弧间洋盆、岛弧边缘海盆地的消减为动力，通过一系列弧-弧、弧-陆碰撞的多岛弧造山作用实现大陆边缘增生。弧后前陆盆地和大陆边缘盆地转化为周缘前陆盆地，乃是盆山转换的地质记录和重要标志。东南亚是新生代多岛弧盆系构造发育最典型的地区。

根据东南亚多岛弧盆系的物质组成、结构和构造特点以及演化历史，潘桂棠将多岛弧盆系的基本特征归纳为如下几点。第一，具有特定的时空结构和物质组成。亚洲大陆边缘由受控于印度洋单向俯冲的印度尼西亚岛弧及其之后的一系列弧盆系统组成，除东南亚之外，南美洲西部安第斯型活动边缘即是陆缘火山岩浆弧。第二，岛弧或前锋弧有三类基底。在多岛弧盆系的岛弧或前锋弧，不同区段基底性质可能不同，物质组成也有差异，总体看来，岛弧或前锋弧至少有三种不同类型的基底。如在印度尼西亚前锋弧，西段苏门答腊火山弧、西爪哇火山弧及其弧后盆地形成于陆壳基底之上，中段在东爪哇和松巴岛火山弧形成于中生代增生楔杂岩之上，东段在弗勒斯岛和班达岛形成于洋内火山弧及其北古近纪、新近纪的弧后洋壳之上。第三，弧后盆地有三种类型：弧后裂谷盆地、边缘海盆地、弧间盆地。第四，弧后盆地的生命期比较短暂。与主大洋相比，多岛弧系内一个边缘海盆地、弧后盆地或弧后洋盆的生命期是短暂的，通常只有几十百万年。第五，具有三种不同类型的时空演化过程：从前锋弧向内的弧后盆地或弧后洋盆形成时间逐个变老；前锋弧向内的弧后盆地形成时间逐个变新；与前锋弧平行的边缘海盆地的形成时间大体同步。第六，具有三种不同类型的碰撞造山作用：受大洋岩石圈俯冲制约的岛弧造山作用；受弧后洋盆消减制约的造山作用；受大陆克拉通俯冲制约的碰撞造山作用。

潘桂棠同时加强了多岛弧盆系洋陆转换演化模式与现今西南太平洋区域弧盆构造体系的对比研究，认为大洋岩石圈与大陆岩石圈之间的多岛弧盆系构造模式是板块构造登陆的入门向导，是认识大陆地质演化的关键。基于该模式研究，认为特提斯大洋最初开始于 Rodinia 超大陆解体的前寒武纪晚期，比太平洋体系更老。青藏高原的形成受控于不同时期大陆边缘多岛弧盆系构造演化，一系列弧后或弧间盆地消亡、弧-弧或弧-陆碰撞的岛弧造山作用实现大陆边缘增生。该模式既可成功地解释青藏高原的形成演化过程，亦可为现在和将来特提斯构造域与亚洲大陆的地质工作所检验。多岛弧盆系构造的识别与深入研究不仅在造山带具有强大的生命力，能够全面解剖造山带的物质组成、结构构造与演化历史，而且对于分析前寒武纪大陆克拉通基底的形成也具有重要启示。

1996 年地矿部科技司组织了评审鉴定委员会对"多岛弧盆系构造模式"进行评审，李廷栋院士担任评审鉴定委员会主任。评审鉴定委员会的评语为："板块构造兴起后，东特提斯演化模式、发生机制等做出了重大修改和提出了新的观点和思路。首次提出并论述了多岛弧盆系洋陆转换演化模式，洋陆构造体制转换主要通过弧后盆地消减，弧-弧、弧-陆碰撞的岛弧造山作用完成，这些新颖学术见解是当前地学界十分关注的重大基础地质问题，对今后工作有重要意义。该成果是作者通过多学科、多层次、全方位、系统综合研究的结果，是以近二十年来青藏及邻区野外考察为基础，揭示出东特提斯造山带时空结构、层次的动态变化过程和岩石圈发展、转换的基本规律。总体达国际先进水平，在多岛弧盆演化模式方面跃居同类研究国际领先水平"。专著被原美国地质学会主席伯奇费尔院士（Burchfiel，2002）评述为"提出了许多挑战性新概念，构成了一个大而新的独立体系，提出的模式可为精细地质工作所检验"。

二、系统总结了西南"三江"地区的成矿地质条件 及成矿规律，提出"多岛弧盆成矿论"

"三江"特提斯构造-成矿域，发生了多幕式的大规模成矿作用和巨量的金属物质聚集形成工业矿床，成为中国最重要的以有色及贵金属矿为主的多金属成矿省或富集区之一。"三江"是全球最复杂的造山带之一，既经历了特提斯的构造演化，又遭受印度-欧亚板块碰撞和高原隆升的强烈改造，地质构造复杂，岩浆活动强烈，成矿流体活跃，成矿作用复杂多样。伴随构造演化，形成了不同的成矿系统。传统的沟-弧-盆成矿论认为：在以蛇绿混杂岩为标志的海沟发育 Cyprus 型块状硫化物矿床，在岛弧或陆缘弧发育火山成因块状硫化物矿床（VMS）、斑岩型铜矿及浅成低温热液金矿。然而，在"三江"地区，蛇绿混杂岩带有 4 条之多，但却没有发现相应的矿床类型。因此，传统的沟-弧-盆成矿论难以解释"三江"古特提斯成矿规律。

潘桂棠等通过对"三江"地区重要成矿带的系统解剖，发现该区古生代—中生代成矿特色缘于多岛弧盆构造背景和由此造就的成矿环境的重要约束。弧后扩张而成的局限洋盆的短暂发育，是缺失 Cyprus 型铜矿的根本原因；弧后盆地消减造山以及多重岛弧的快节奏形成和不成熟发育是导致某些弧缺乏斑岩铜矿和浅成低温热液金矿的内在原因；而洋壳板片在俯冲时产生的垂向撕裂和差异俯冲，是导致同一岛弧带上 VMS 与斑岩型铜矿分段产出的主要原因。尤其是火山弧带中于碰撞后伸展环境下大量发育的火山成因块状硫化物型（VMS）或喷流-沉积型（SEDEX）矿床等，在传统单一的沟-弧-盆成矿论难以解释。在这种多岛弧盆构造背景下，VMS 是最重要的成矿类型，边缘海盆产出"大平掌式"、洋内弧产出"羊拉式"、弧间裂谷盆地产出"呷村式"、碰撞后伸展盆地产出"鲁春式"VMS 型矿床；斑岩型铜矿是第二类重要的成矿类型，但前者主要产于长期稳定发育的成熟岩浆弧内，后者主要发育于快节奏和不成熟的火山岩浆弧内；喷流-沉积型（SEDEX）多金属矿化主要发育于多岛弧盆碰撞后伸展作用在稳定地块上发育起来的盆地内，主要成为喜马拉雅期成矿的重要矿胚和叠加成矿的物质基础。大量的区域地质调查与矿产勘查评价发现，"三江"地区特提斯复杂的多岛弧盆系构造-古地理格局控制了矿床的时空分布，大型、超大型规模矿床的成矿作用具有明显的"分带性、分段性、多样性、叠合性"，矿床类型主要由 VMS 型、斑岩型、喷流-沉积型和构造热液型矿床等，成矿金属组合包括 Pb-Zn、Pb-Zn-Cu-Ag、Cu 和 Sr-Ba 组合，并随多岛弧盆系演化由简单变复杂。这些新发现极大地深化了人们对"多岛弧盆系构造模式"的认识和理解，而且为建立"多岛弧盆成矿理论"体系奠定了重要的基础。

潘桂棠重新给定了"多岛弧盆成矿论"的解释，认为其是在大陆汇聚过程中，伴随大陆边缘多岛弧盆系的构造演化，在特定结构、构造和时间演化序列中形成矿床的规律。其要点是："三江"古特提斯不是简单的单一沟-弧-盆，而是由一系列多种相间的弧、小陆块、小洋盆构成的复杂构造系统；伴随演化不断有新的弧诞生和小洋盆消亡；陆块的拼接造山，主要不是通过特提斯大洋的俯冲造成的，而是由一系列小洋盆的消减闭合来完成的；不同类型的洋盆和弧、微陆块发育不同类型的金属矿床。"多岛弧盆成矿论"揭示产于这一成矿时期各成矿带内矿床的成因机制，包含成矿机理、成矿规律、成矿系统及成矿类型。

潘桂棠同时认为多岛弧盆系构造解析可以进一步深化对造山系成矿地质背景和成矿规律的认识，将多岛弧盆系模式与成矿系统论、过程论和转换论相结合，提出了不同构造环境、成矿系统的组合评价模型。比如陆缘裂谷盆地中产出"大平掌式 VMS 矿床"、洋内弧中产出"羊拉式 VMS 矿床"、弧间裂谷盆地产出"呷村式 VMS 矿床"、压性弧中产出"普朗式斑岩型 Cu 矿"、陆缘弧中产出"加多岭式矽卡岩型 Fe-Cu 矿床"等；同时建立了洋内弧控制块状硫化物（VMS）矿床、压性岛弧控制斑岩+矽卡岩矿床、张性岛弧和上叠裂谷控制 VMS 矿床等区域成矿–找矿模式，由此确立了区域重要的矿床类型和主攻矿种，解决了在什么构造环境找什么矿的问题。这些理论模型在"三江"特提斯造山带的成矿规律研究、矿产勘查与预测评价中已见成效。

潘桂棠进一步提出了"多岛弧盆成矿论"深化研究的方向。他前瞻性地认为在秦祁昆早古生代多岛弧盆系、西藏冈底斯中生代多岛弧盆系，乃至古亚洲洋两侧的大陆边缘多岛弧盆系演化过程与成矿作用过程耦合的深化研究，将会使"多岛弧盆成矿论"得到更多的充实和完善，并对造山系成矿地质背景研究具有重要意义。同时认为有待深入研究以下几个方面：厘定各条蛇绿混杂岩带所代表的洋盆属性（弧后洋盆、弧间盆地或边缘海盆地等），恢复这些洋盆的生成、消减、闭合的时空结构及演化；火山–岩浆弧的基底属性（洋壳、陆壳、增生楔等）、力学性质（张性弧、中性弧、压性弧）及其造弧演化（初始弧到成熟弧）；加强增生型造山带成矿作用的大地构造背景研究，弧–弧、弧–陆、弧–洋岛（海山）拼贴碰撞造山过程的深部壳–幔作用，尤其是增生碰撞造山过程使得岩浆弧与火山弧的成矿物质再次活化与迁移，有利于大规模成矿作用。

该项成果作为"十五"持续科技攻关的系统总结，也是"三江"攻关研究团队艰苦拼搏的结晶，2004 年获得国土资源科学技术一等奖（R1），并作为"西南'三江'多岛弧盆–碰撞造山成矿理论与勘查技术"专项的重要核心成果，2005 年获得国家科技进步一等奖（R2）。

三、集成与综合研究青藏高原空白区 1∶25 万区域地质调查成果，主持编制了全新的青藏高原及邻区 1∶150 万地质–资源系列图

为了填补我国陆域区中比例尺地质填图的空白，提高青藏高原区域基础地质调查水平和矿产资源勘查程度，1999~2010 年，

中国地质调查局组织全国 25 个省（自治区）级单位、千余人的区调队伍，实施了青藏高原空白区 1:25 万区调填图（177 个图幅，面积 220 万 km^2）工程和集成与综合研究专项计划。潘桂棠作为技术总负责，深入各区调图幅进行实地调研、技术攻关指导和成果验收，足迹覆盖 100 多个填图区域。在统一技术思路和技术方法、指导解决关键地质难题（如：区域地层划分与对比、蛇绿混杂岩填图、构造–岩浆带时空格架的厘定和成矿带划分等方面）发挥了重要作用。在 1:25 万区域地质调查新成果基础上，以自主创新的大陆边缘"多岛弧盆系"洋陆转换构造观为指导，以大地构造相是大地构造环境的物质（岩石构造组合）表现为切入点，以大地构造相时空结构分析方法为主线，潘桂棠、王立全、李荣社、丁俊主持编制了青藏高原及邻区 1:150 万地质图、青藏高原及邻区大地构造图、成矿地质背景图等全新的地质–资源系列图件及其说明书。

青藏高原及邻区 1:150 万地质–资源系列图采取多岛弧盆系构造时空结构的系统性、层次性、相关性的大地构造单元划分思路和理念，在板块构造–地球动力学理论指导下，以地层划分和对比、沉积建造、火山岩建造、侵入岩浆活动、变质变形等地质记录为基础，以成矿规律和矿产能源预测的需求为基点，以不同规模相对稳定的古老陆块区和不同时期的造山系大地构造相环境时空结构分析为主线，以特定区域主构造事件形成的优势大地构造相的时空结构为划分构造单元的基本原则。通过青藏高原及邻区地质综合编图，全面、系统集成青藏高原及邻区近 10 年来177 幅 1:25 万区域地质调查成果，形成青藏高原区域整装成果；深入、综合研究 1:25 万区域地质调查与近 20 年来地质科研所取得的新成果、新认识，提升青藏高原基础地质水平，为青藏高原区域资源勘查、地质科学研究、重大工程设施建设、环境保护与灾害防治等方方面面服务。

潘桂棠依据青藏高原空白区 177 幅 1:25 万区调填图以及有关的研究，将青藏高原划分为三个主要的造山系，从北东向南西分别为早古生代秦岭-祁连山-昆仑山（秦-祁-昆）、晚古生代-三叠纪羌塘-三江、晚古生代-新生代冈底斯-喜马拉雅造山系，三个造山系又被康西瓦-南昆仑-玛多-玛沁-勉县-略阳和班公湖-双湖-怒江-昌宁对接带所分割。青藏高原的形成和演化与龙木错-双湖蛇绿混杂岩、古生代南羌塘增生弧盆系、班公湖-怒江结合带以及有关的弧盆系密切相关，班公湖-双湖-昌宁-孟连结合带标志着特提斯洋的最终闭合，特提斯洋岩石圈在中三叠世向南俯冲致使雅鲁藏布江洋盆以弧后盆地形式开启，随后在白垩纪末由于印度和亚洲大陆碰撞而闭合，印度板块在新生代向北俯冲，导致了陆内变形和青藏高原的抬升。通过今东南亚弧盆系与青藏高原地质构造特征对比研究，从洋陆转换构造观的视角，重建了"一个大洋、两个大陆边缘、三大多岛弧盆系"的青藏高原大地构造格局，建立了从罗迪尼亚（Rodinia）超大陆裂解至特提斯洋扩张、4.9亿~4.1亿年特提斯洋向北俯冲、3.8亿~2.3亿年特提斯洋双向俯冲、3.5亿~0.65亿年特提斯洋萎缩直至消亡和0.65亿年以来高原隆升与形成等5阶段演化新模式。特提斯大洋长期俯冲消减、大陆边缘一系列弧后或弧间洋盆快速消减闭合与岩浆弧短暂发育，以及多期次弧-弧或弧-陆碰撞造山过程，从根本上制约着青藏地区的铜-铁-铅锌-金多金属成矿作用。

该成果被国土资源部组织的院士、专家鉴定委员会评价为"在青藏高原构造格局、特提斯演化等方面提出了独创性的观点、理念，为高原地区国民经济和社会发展提供了科技支撑，具有重要的科学和实际应用价值，总体达到国际领先水平"。最新的青藏高原及邻区1∶150万地质图被国际知名地质学家美国亚利桑那州立大学教授 P. Kapp 博士评价称，"近十年来为促进青藏高原国际地学研究和深入理解喜马拉雅-西藏-帕米尔造山系做出了最为重大的贡献"。作为"青藏高原地质理论创新与找矿重大突破"专项的重要核心成果，2011年获得国家科学技术进步特等奖（R2）。

四、负责中国大地构造综合研究，主持编制 1：250 万中国大地构造图

在原有板块构造的理论框架中，全球构造格架和洲际板块边界是清晰的，但在区域地质调查，中比例尺地质填图、编图中，大地构造单元划分是板块构造细结构研究的关键问题。它既是大地构造研究的理论问题，也是区域地质研究和成矿预测评价亟待解决的实际问题。全球岩石圈构造演化分为大陆岩石圈和大洋岩石圈两种构造演化体制，这两种构造演化体制既有平行发展、相互影响、互有联系的一面，又能通过大陆岩石圈拉伸裂离和大洋岩石圈俯冲消减两种机制实现互相转换的一面。多岛弧盆系的形成演化是大洋岩石圈构造体制向大陆岩石圈构造体制转换的标志。二者相互转化保存较好的地质记录所反映的地质构造环境信息，正是大地构造相的物质表现，也是划分大地构造单元的标志。

潘桂棠等认为中国大地构造分区是在对中国大地构造研究的基础上，结合特定构造部位和构造时期所发生的主要地质事件，并将在这一事件中所形成特定的岩石构造组合厘定为优势大地构造相，分析其与相邻构造部位优势大地构造相之间的时空联系和动力学背景，并综合地球物理和地球化学等信息而厘定各级大地构造单元。不同的大地构造相环境控制着不同成矿类型和不同的成矿作用。当代地质找矿勘查、资源评价预测和成矿作用理论研究均离不开大地构造相的判别及厘定。潘桂棠首次以大地构造相的方式全面揭示中国大陆板块构造环境及其演化特征，可见其意义之重大。

潘桂棠提出大地构造相的新定义：是反映陆块区和造山系形成演变过程中，在特定演化阶段、特定大地构造环境中，形成的一套岩石构造组合，是表达大陆岩石圈板块经过离散、聚合、碰撞、造山等动力学过程而形成的地质构造作用的综合产物。依据

中国陆块区和造山系的地质构造形成演化规律和基本特征划分出三大相系，即多岛弧盆相系、陆块区相系和大洋消亡对接待相系；在多岛弧盆相系中划分出三大相：结合带大相、弧盆系大相及地块大相；进而将三大相依据造山带洋-陆构造体制和盆山构造体制时空结构转换过程中的特定大地构造环境，划分为大地构造相及其亚相。关于大地构造相的定义和划分方案继承了前人提出的岩石构造组合的理念，同时在前人认识的基础上又进一步丰富了大地构造相的内容。第一，强调将大陆岩石圈板块演变和发展过程中的大地构造环境作为大地构造相划分的基础，前人只强调构造变形样式不足以构成大地构造相分类的基础；第二，不只在造山带中用大地构造相分析，也强调在大陆块中进行大地构造相的鉴别和厘定，具有恢复与揭示陆块区和造山系的组成、结构、演化与成矿地质背景的功能；第三，强调不同的大地构造相控制着不同的成矿作用和成矿类型。

为了摸清国家矿产资源家底，提高我国成矿地质背景研究程度，2006~2013年国土资源部组织实施由陈毓川、叶天竺等负责的"全国矿产资源潜力评价"国家专项，在叶天竺分管的"全国重要矿产成矿地质背景"项目中，潘桂棠与肖庆辉共同主持中国大地构造综合研究和系列编图。2006年参与全国汇总组，编写"成矿地质背景研究技术要求"之大地构造相分析方法理论体系及中国大地构造单元划分方案。2007~2010年，在全国各省（区）地调院按照技术要求编制1：25万实际材料图、1：25万建造构造图（733幅）、矿种预测区地质构造专题底图（3404幅）和1：100万大地构造图的过程中，与全国汇总组研究团队一道足迹遍及全国，北自大小兴安岭，南至广东、海南，东起辽宁、浙闽沿海，西达新疆、青藏的野外现场考察。厘定和修正构造单元边界，了解岩石构造组合，验证大地构造属性和成矿地质背景，协助叶天竺总工组织60多次培训、研讨和验收图件。2011年与全国六省（区）1：150万五要素成矿背景图和大地构造图编制同步汇总省（区）成果，开展全国大地构造综合研究，于 2013 年年底，以潘桂棠与肖庆辉为主编，尹福光、王永和、王慧初等大区负责人和汇总组张克信、郝国杰、陆松年、邓晋福、冯益民、邢光福、李锦轶、张智勇、冯艳芳为副主编及在百余位技术骨干共同努力下，完成了 1：250 万中国大地构造系列图及研究报告，并与肖庆辉、尹福光、陆松年、郝国杰、张克信、王方国等共同编制了 1：1000 万中国十个断代的大地构造图。

2013 年 12 月 24 日在北京，全国矿产资源评价项目办与中国地质调查局组织"全国重要矿产成矿地质背景、大地构造系列图及研究报告成果"评审验收会，李廷栋、孙枢、刘宝珺、马中晋、陈毓川、种大赟、张国伟、刘嘉祺、莫宣学、王成善等 28 位院士专家评价认为："创建了矿产预测成矿地质背景和大地构造研究的新方法，以大地构造相的表达方式全面揭示中国大陆板块构造环境及其演化特征，在国内外属首创。中国大地构造系列图的编制，是迄今为止应用板块构造理论及大陆动力学视角观察认识中国大地构造最全面系统的重大系列成果。首次提出的中国大陆一级构造单元由六个造山系、三个陆块区、五个对接带及中国大陆东部陆缘弧盆系构成的新的大地构造格架，提出的中国大陆 8.2 亿年以来是由泛华夏陆块群、劳亚和冈瓦纳两个大陆边缘、三大洋（古亚洲洋、特提斯洋和太平洋）洋陆转换逐渐集合增生而成的认识具有显著创新性。为成矿地质作用研究提供了成矿地质背景依据，为基础地质服务于矿产资源潜力评价提供了示范。"

五、"青藏精神"为青藏地质人树立了正确的价值导向

潘桂棠致力于青藏高原及邻区基础地质调查及区域成矿研究近 50 年，被称为"大山中的地质匠"。潘桂棠坦言，这一辈子只干了一件事儿，那就是青藏高原地质研究。青藏高原是破解特提斯之谜的"天然实验室"，是国际地学界高度关注和激烈竞争

的一个热点和前沿领域，是中国地学研究达到国际先进水平最有希望实现理论自主创新研究基地，无论是在学术还是经济效应方面，青藏高原地学研究都具有全球意义。潘桂棠用他整个地质生涯，团结了一大批青藏地质人长期奋斗在青藏高原，推动了我国青藏高原地质研究工作向前迈进了重要一步，他们在青藏高原区域地质、形成演化、区域成矿及全国成矿地质背景等领域取得的原创性认识和理论成果代表了中国目前青藏高原地质研究最高成果。

成果的取得是来之不易的，尤其是 2000 年以前，西藏的地质工作区环境异常恶劣、交通条件极差、通讯条件零基础、外部环境复杂特殊，连呼吸都成困难的地质队员们也许每天都要和死神较量上几把，可是他们最终坚持下来了，不是坚持了一天两天，而是一辈子，并取得骄人的成果。是什么让他们初心不改，勇往直前？是"青藏精神"，"特别能吃苦、特别能战斗、特别能忍耐、特别能团结、特别能奉献"的"青藏精神"。"青藏精神"是无数地质人在青藏高原从事地质工作的精神结晶，是砥砺我们在青藏高原继续前行的强劲动能，丰润着一代又一代青藏高原地质人的心灵，为青藏地质人树立了正确的价值导向。"青藏精神"已经成为国土资源部优秀文化之一，在这种精神的指引和保障下，青藏高原地质事业不断向前推进；青藏高原地质研究团队也不断壮大和稳定，为青藏高原地质研究源源不断地输送人才和力量。潘桂棠追求科学的执着精神、勇于创新的学术勇气、求真务实的工作作风，为地质工作者树立了榜样。

代表性论著

1. 潘桂棠，丁俊，姚东生，王立全，罗建宁，颜仰基，雍永源，郑建康，梁信之，秦德厚，江新胜，王全海，李荣社，耿全如，廖忠礼，朱弟成. 2004. 青藏高原及邻区地质图及说明书（1 : 1 500 000）. 成都：成都地图出版社

2. Guitang Pan, Liquan Wang, Rongshe Li, Sihua Yuan, Wenhua Ji, Fuguang Yin, Wanping Zhang, Baodi Wang. 2012. Tectonic evolution of the Qinghai-Tibet Plateau. Journal of Asian Earth Sciences, 53: 3~14

3. 潘桂棠, 莫宣学, 侯增谦, 朱弟成, 王立全, 李光明, 赵志丹, 耿全如, 廖忠礼. 2006. 冈底斯造山带的时空结构及演化. 岩石学报, 22 (3): 521~533

4. 潘桂棠, 朱弟成, 王立全, 廖忠礼, 耿全如, 江新胜. 2004. 班公湖-怒江缝合带作为冈瓦纳大陆北界的地质地球物理证据. 地学前缘, 11 (4): 371~382

5. 潘桂棠, 肖庆辉, 陆松年, 邓晋福, 冯益民, 张克信, 等. 2009. 中国大地构造单元划分. 中国地质, 36 (1): 1~28

6. 潘桂棠, 王立全, 李荣社, 尹福光, 朱弟成. 2012. 多岛弧盆系构造模式: 认识大陆地质的关键. 沉积与特提斯地质, 32 (3): 1~4

7. 潘桂棠, 刘宇平, 郑来林, 耿全如, 王立全, 尹福光, 李光明, 廖忠礼, 朱弟成. 2013. 青藏高原碰撞构造与效应. 广州: 广东科技出版社

8. 潘桂棠, 徐强, 侯增谦, 王立全, 杜德勋, 莫宣学, 李定谋, 汪名杰, 李兴振, 江新胜, 胡云中. 2003. 西南"三江"多岛弧造山过程成矿系统与资源评价 (三江总报告). 北京: 地质出版社

9. 潘桂棠, 陈智梁, 李兴振, 颜仰基, 许效松, 徐强, 江新胜, 吴应林, 罗建宁, 朱同兴, 彭勇民. 1997. 东特提斯地质构造形成演化. 北京: 地质出版社

10. 潘桂棠, 王培生, 徐耀荣, 焦淑沛, 向天秀. 1990. 青藏高原新生代构造演化. 北京: 地质出版社

侯增谦

小　传

　　侯增谦，中国地质科学院地质研究所研究员，中共党员，1961 年 6 月生，男，河北石家庄人。1982 年毕业于河北地质学院矿产普查与勘探专业；1985 年毕业于武汉地质学院北京研究生部矿物学、岩石学、矿床学专业，获硕士学位；1988 年毕业于中国地质大学（北京）矿物学、岩石学、矿床学专业，获博士学位。自 1988 年 12 月参加工作以来，历任地质矿产部矿床地质研究所助理研究员、副研究员，日本地质调查所 ITIT 研究员，地质矿产部矿床地质研究所科技处长。1998 年 8 月起任中国地质科学院院长助理，2000 年 4 月起任中国地质科学院矿产资源研究所副所长（主持工作），2005 年 12 月起任中国地质科学院地质研究所所长。兼任国际矿床地质学会（SGA）副主席，国际经济地质学会（SEG）会士；中国青藏高原研究会副理事长，中国地质学会理事，中国地质学会区域地质与成矿专业委员会主任委员《Resource Geology》资深编委，《矿物岩石学杂志》主编，《中国科学》等杂志编委等。长期从事矿床学研究，主要围绕大陆成矿作用，立足青藏高原，结合特提斯对比，在大陆成矿理论、区域成矿规律和勘查评价方法等三方面取得了创新性系统成果。作为首席科学家，他领导国际科学计划 IGCP-600 项目 1 项，主持完成国家 973 项目 2 项，负责完成国家科技攻关课题、国家自然科学重点基金、杰出青年基金项目等 15 项。获国家科技进步特等奖 1 项、国家科技进步一等奖 1 项，部级成果一等奖 4 项。截至 2016 年，他主编国际英文专集 4 部，出版中文专著 4 部，发表 SCI 论文 167 篇（第一作者 37 篇，通讯作者 16 篇），SCI 总引 5954 次，他引 5008 次。据 Elsevier 官网，他入选 2015~2016 中国高被引学者榜单；据"汤森路透"统计，他有 7 篇高被引论文进入学科前 1%。

主要学术成就与贡献

一、揭示青藏高原大陆碰撞过程与主要成矿系统内在关联，提出"大陆碰撞成矿论"，为成矿学发展做出了贡献

"大陆碰撞能否成大矿"是成矿学的一个重大理论问题。国际主流观点认为大陆碰撞难以成大矿。国内学者基于秦岭造山带研究，提出碰撞体制成岩成矿模式，但秦岭成矿是否发生在碰撞阶段尚存争议。

针对这一科学问题，侯增谦带领团队以全球最典型的大陆碰撞带——青藏高原（印-亚大陆碰撞始于约 65Ma，并持续至今）为突破口，持续研究 15 年获重大进展。他的主要贡献为：①通过系统精细测年和地质证据标定，查明众多大型—超大型矿床形成于 65Ma 之后，用事实证明大陆碰撞可以成大矿；②基于碰撞过程与成矿耦合的系统研究，揭示印-亚大陆碰撞经历主碰撞大陆俯冲（65~41Ma）、晚碰撞构造转换（40~26Ma）和后碰撞地壳伸展（25~0Ma）三段式过程，分别对应

发育铅锌锡、金铜铅锌和铜钼锑等成矿作用，证明不同碰撞阶段造就不同的成矿系统；提出三段式碰撞对应发育洋板片断离、软流圈上涌、岩石圈拆沉等三种深部过程，为碰撞成矿系统提供了深部驱动机制；发现每个碰撞阶段均出现应力场压－张交替转换，为含矿流体的早期迁移汇聚、晚期释放排泄和最终淀积成矿提供了热力机制；③通过 Hf 同位素填图和岩石圈三维架构重建，发现冈底斯斑岩铜矿带下存在新生地壳，提出大陆碰撞引发不同时代地壳的活化与再造，古老地壳深熔形成低氧逸度岩浆，发育矽卡岩型锡钨铅锌矿，新生地壳熔融产生高氧逸度岩浆，形成斑岩型铜钼金矿，证明陆壳物质组成和三维架构控制成矿金属来源、主要矿床类型和空间分布规律。在此基础上，侯增谦提出青藏高原"大陆碰撞成矿论"，回答了大陆碰撞如何成大矿的理论问题，被同行专家评价为"系统阐明了大陆碰撞带成矿系统的发育机理"，"为青藏高原实现重大找矿突破提供了重要理论指导"。

该成果是 2011 年国家科技进步奖特等奖的核心理论成果。相关论文主要在国际 SCI 杂志《Ore Geology Reviews》以专辑发表（2009，2015）。OGR 主编 Cook 教授评价："侯的论文使我深信，这是一项令人敬佩的具有国际影响的成就"。国际著名矿床学家 Kerrich 院士在《Episodes》撰文，评价该成果是"研究喜马拉雅碰撞成矿的开创性的集成创新成果"，"将传统认识提升到了全新的理论高度"，"必将推动成矿学未来发展"。

二、揭示青藏高原碰撞带岩石圈三维架构，初步阐明地壳组构和深部过程对成矿系统的控制机制

岩石圈结构和深部过程对成矿系统的控制，是当代成矿学的重大研究前沿。对其如何控制成矿，尚知之甚少。侯增谦采用 Hf 同位素填图新技术，利用 5000 余套锆石 Hf 数据，结合地球物理资料约束，揭示了青藏高原主碰撞带岩石圈三维架构，并取

得重要新发现：

（1）发现拉萨地块深部地壳具有"立交桥"式三维架构，一系列横切碰撞带的 NS 向岩石圈不连续，作为地幔热流通道，出现于白垩纪，延续至碰撞期，促进印度俯冲板片撕裂，导致中新世 NS 向裂谷发育。该成果颠覆了前人的传统观点。

（2）发现新生的下地壳、再造的古老地壳和新/老地壳的过渡带，分别控制斑岩型铜矿、矽卡岩型铅锌钨钼矿以及铁铜矿床的形成和分布，在国际上率先揭示了造山带深部物质结构对成矿系统的控制机制，成果发表于国际权威刊物《Economic Geology》，被国际同行专家评为该刊 2015 年度 5 篇最佳论文之一。

三、建立大陆碰撞体制三类重要矿床的成矿新模型，成功地指导了找矿突破，丰富和发展了成矿理论

（1）斑岩铜矿是全球最重要的铜矿类型，经典理论强调大洋俯冲产生斑岩铜矿。侯增谦在前人工作基础上，研究发现：东起西藏西至伊朗，发育一条巨型规模的中新世斑岩铜矿带，产于大陆碰撞环境而非大洋俯冲环境；含矿斑岩为高 Nd、Hf、高 f_{O_2} 的埃达克质岩，来源于碰撞加厚的镁铁质新生下地壳；金属 Cu 和大量 H_2O 分别来自新生下地壳内硫化物重熔和角闪石分解。由此揭示了大陆碰撞型斑岩铜矿的成矿机理。成果发表于《Geology》《EPSL》《Economic Geology》等国际一流期刊。其代表性论文（EPSL）单篇被 SCI 引用400 余次。《SEG Newsletter》会刊专文评述："侯等（2003）提出了一个非常有用的斑岩铜矿构造新模式，将引导勘查由岛弧带向碰撞带转移"。美国《EARTH》杂志评论文章认为："侯等（2015）发现斑岩铜矿形成于大陆碰撞带，提出了成矿新模型，正在填补空白"。

依据上述认识，通过地质调查，侯增谦从成矿条件、斑岩特

征、矿化蚀变等方面系统论证并于 2001 年撰文提出：冈底斯有望成为"西藏第二条斑岩铜矿带"（2001《中国地质》），引起高度重视。以此为主要依据，西藏地勘局将勘查重点转向斑岩铜矿，中国地调局部署实施了大规模勘查。继后，他又带领团队建立了斑岩铜矿勘查找矿模型和定位预测方法，为驱龙等大型—超大型铜矿床的找矿突破提供了有力支撑。核心成果获 2009 年国土资源科技成果一等奖（R1）。

（2）"密西西比河谷型"铅锌矿是全球最重要的后生层控矿床，经典理论认为其发育于前陆盆地环境，重力驱动成矿流体长距离迁移，张性断层控制矿床就位。侯增谦及团队通过研究三江并对比伊朗超大型铅锌矿，发现其产于逆冲褶皱系而非前陆盆地，挤压应力驱动地壳流体侧向运移并沿途萃取成矿金属，应力松弛导致含矿地壳流体与原位还原流体混合并诱发硫化物淀积，碰撞相关构造（如盐穹构造）控制矿床矿体就位。据此建立了逆冲褶皱系铅锌成矿新模型，著名矿床学家 Kesler 教授评价其"为重新审视和评估其他地区类似矿床提供了典型范例"。

基于上述成矿模型和区域调查成果，他于 2008 年撰文率先提出青藏高原东北缘发育一条上千千米的巨型铅锌矿化带，指明了找矿突破方向。针对青海多才玛矿区的找矿僵局，他带领团队开展了矿区构造岩相填图和勘探方法实验，提出"逆冲推覆构造系统控矿+音频大地电磁测深定位"的找矿方法和布钻建议，指导发现厚大铅锌富矿体，现已控制铅锌资源量 620 万吨，一跃成为超大型矿床。该成果获 2016 年国土资源科技成果一等奖（R1）。

（3）碳酸岩型稀土矿床是全球最重要的 REE 类型，其成因一直存在争议。侯增谦通过研究四川并对比全球碳酸岩，发现此类 REE 矿床主要产于克拉通边缘造山带，含矿碳酸岩浆来自被含 REE 的 CO_2 流体交代的岩石圈地幔，颠覆了碳酸岩来自地幔柱的国际主流认识；提出富 REE 岩浆在浅部地壳出溶高 f_{O_2} 富 REE 流体，在应力释放环境形成 REE 矿床的成矿新模型。成果发表于《EPSL》和《Scientific Reports》等，引起高度关注。

此外，侯增谦还在西南三江连续攻关 20 年，合作厘定三江构造-岩浆-成矿框架，系统揭示成矿规律，建立定位预测方法，为找矿突破做出了重要贡献，获 2005 年国家科技进步一等奖（R3）；他率先开辟古今海底热水成矿对比研究新方向，尝试开展流体地质填图，揭示硫化物成矿新机制，引起国际关注。

侯增谦在国际矿床学界也有重要影响。他领衔主持 UNESCO 的国际科学计划，率先开启了特提斯成矿国际对比研究，形成了一支有国际影响的研究团队。多次组织国际性学术会议，并应邀做主题报告；先后被选为国际矿床地质学会（SGA）副主席和国际经济地质学会（SEG）会士，作为中国学者首次获 SEG "首席讲席奖"。

四、认真履行第一把手职责，使研究所各项工作不断迈上新台阶

侯增谦长期肩负国际科学计划、国家科技攻关课题首席科学家和研究所主要领导两副重担。在中国地质科学院地质研究所这个有着 60 年历史、诞生过多位院士、为新中国地质事业发展做出过重要贡献的研究所担任一把手，他深深意识到自己身上承担的重要职责和历史使命。出成果、出人才，关键是要抓业务、带队伍。他团结带领领导班子，围绕国家需求，群策群力谋划发展，形成了 "围绕国家目标，立足科学前沿，强化学科优势，合理科研布局，调整学科结构，拓展发展空间" 36 字立所强所方针，提出了 "一主两翼" "地调科研双轮驱动" 等发展战略，倡导 "以科学家为核心" 的治所理念和 "静、净、敬、竞" 的科技文化，营造了努力推进科技创新改革发展的思想共识和良好氛围。近 5 年来，地质所先后主持国家科钻工程、重大仪器研发专项、973 项目、重点基金项目、国家地质调查专项等 400 项，

年均经费 2 亿元；主持领导 3 项 UNSCO 的国际科学计划（IGCP 项目）；负责实施 2 项多国合作地质编图项目；获得国家自然科学基金项目 198 项；取得了一大批重要研究成果，获得国家科技进步奖特等奖 1 项、国家自然科学二等奖 1 项、国土资源科学技术奖一等奖 4 项、二等奖 2 项。地质所在国家科技平台建设、承担国家重大项目能力、科技创新能力、成果产出水平等方面，在全国同行业中均居于前列。

侯增谦对于人才队伍建设的重要性有着深刻而清醒的认识。他意识到：地质所现有的人才数量、质量和队伍结构，并不适应日益繁重的国家科技创新任务和公益性地质调查工作；顶尖帅才缺乏、青年科技人员的整体水平亟待提高、后备人才培养尚显乏力、适合人才脱颖而出的环境和机制急需健全完善，种种问题，始终制约着地质所的发展。他坚持将人才队伍建设作为研究所发展的重中之重，组织开展人才队伍建设战略研究，先后出台了《科技人才发展战略规划纲要》、《关于全面推进人才队伍建设的若干意见》，实施了"黄汲清人才引聘计划"、"海外学者访问计划"、"青年科技人员奖励办法"、"海外派出研修计划"等一系列办法举措，从引进、培养、激励等多个环节发力，充分调动中青年科技人才的积极性和创造性，让优秀人才引得进、留得住、用得好。近年来，地质所各层次优秀人才不断涌现，人才队伍竞争力和创新实力在国内地学机构和国土资源部系统均处于先进行列。

作为研究所的第一把手，侯增谦要求自己履职担当、善作善为，保持全局意识。不积跬步，无以至千里；不积小流，无以成江海。他从小事做起，从全局出发，做好自己的本职工作，把责任放到首位。他努力提高自己的管理能力、破解难题能力和求真务实的能力，时刻保持高度的政治敏锐性，勇于承担责任，敢于负责。作为党员领导干部，他始终自觉遵守党政领导干部廉洁自律的各项规定，做到了克己奉公，廉洁自律，没有谋求政策范围之外的任何个人私利。

五、求真务实、艰苦奋斗、锐意创新的 献身精神，成就杰出人才

侯增谦长期从事矿床学研究，自参加工作以来，青藏高原始终是他最主要的科研舞台。为揭开大陆碰撞成矿理论的奥秘，他多次深入青藏高原腹地和周缘山脉，去探索地壳演化的真迹。

大陆碰撞造山成矿作用是孕育和建立大陆成矿理论框架的核心和关键。然而，与板块构造成矿作用研究相比，大陆碰撞造山带成矿作用的研究则明显薄弱，学术观点和基本认识也是大相径庭。为了揭开大陆碰撞成矿奥秘，侯增谦带领他的科研团队一次次地登上青藏高原，一次次地深入高海拔矿区。他始终坚信，地质工作者如果不像徐霞客那样跋山涉水深入大自然，亲身感受地球的沧海桑田，是永远不能发现地球的奥秘的。侯增谦经常说："地球就是我们最好的实验室，野外的大自然就是我们最好的科研和学习场所，在这样一个巨大的实验室里蕴藏着无穷的奥秘等待我们去探索。"参加工作二十多年以来，他每年率领科研团队攀登青藏高原，在野外一待就是几十天甚至上百天，足迹几乎遍布青藏高原的所有矿区，先后征服了高峻逶迤的冈底斯-念青唐古拉山脉、山高谷深的横断山脉、奔腾咆哮的雅鲁藏布江、汹涌澎湃的怒江、人迹罕至的沱沱河等，按照大陆碰撞成矿理论，圈出了一个又一个成矿远景区，为区域矿产资源潜力评价与重大找矿突破提供了重要依据。

青藏高原自然环境恶劣，地质条件复杂，工作地点通常远离市区，交通不便。若能找到村庄，晚上就可以住在当地村民家中，如果到了无人区，那就只能搭帐篷了。在矿区实地勘查时，海拔往往在 5000 米以上，缺氧会让人感到呼吸困难、头痛欲裂、咳嗽不止。为了探究矿区的各种地质特征，侯增谦以顽强的毅力克服种种困难，带领团队坚持勘查每一个矿点，详细记录每一个地质现象，不放过与矿产相关的蛛丝马迹。野外工作量较大，为

了保质保量地完成任务，他和他的团队每天披星戴月，早出晚归，一天的工作时间常常达到十二个小时。晚上下山后钻进帐篷里，又要和寒冷抗争到黎明，高海拔加上寒冷的天气，使他整宿无法入睡，但是第二天早晨东方发白之时，他又满怀激情深入到矿区开展新一天的工作。如此周而复始，一干就是几十天，甚至有时在寒风凛冽、大雪纷飞的天气里依然坚持工作。支撑着这一切的，就是他那份不畏艰难困苦坚持到底的毅力。正是凭借这份毅力，侯增谦攻克了大陆碰撞造山成矿作用理论的一个又一个问题。

侯增谦在地质科研工作中最大的特点，是锐意创新的精神。他对国际学科前缘具有准确地把握，能够将学术观点提高到国际层次上认识，从广度、深度上对地质问题的表象、原因进行思考。他敢于打破思想上的桎梏，不拘泥于以往的地质理论。这种创新精神，源于他勤学、博识、明辨的治学风格。他时刻不忘将这种创新思想灌输给学生，经常教育自己的学生要多读外文书籍和文献，把握国际上最新的学术观点，将从中学到的知识转变为自己的思想，在此基础上开展自主创新，只有这样才能在地质科研的道路上越走越远。

有人问侯增谦："是什么让你如此着迷地质工作？"侯增谦回答："热爱。"因为热爱，他和他的科研团队不畏劳苦沿着海拔5000多米的陡峭山路攀登；因为热爱，他带领团队从冰冷的激流中涉险趟过；因为热爱，他在酷热的夏季深入无人区调查每一个矿点。山越高，意志越坚；岭越远，胸怀愈宽。诚然，地质工作是平凡的、繁琐的，更是充满艰辛的，侯增谦如大多数地质工作者一样默默无闻地奔走在祖国的山川荒野之间，始终秉持着"以献身地质事业为荣、以找矿立功为荣、以艰苦奋斗为荣"的"三光荣"精神，乐此不疲，甘于奉献，为探寻蕴藏的矿产资源不懈努力。

不忘初心，方得始终。在走到管理岗位后，侯增谦仍坚持着地质科学研究。他几乎牺牲了所有的节假日，放弃了所有爱好，每天工作到深夜 2 点钟，把全部的精力都投入到了他所热爱的地质事业中。20 余年来，他主持完成了国家 973 项目、国家科技攻关、国家自然科学重点基金、"杰出青年"基金等十余项重要科研项目，获得了多项国家级、省部级科技创新奖，研究成果获得了国际地学界的高度认可。

代表性论著

1. Hou Zengqian, Yang Z-M, Lu Y-J, Kemp Anthony, Zheng Y-C, Li Q-Y, Tang J-X, Yang Z-S, Duan L-F. 2015. Subduction- and collision-related porphyry Cu deposits in Tibet: possible genetic linkage. *Geology*, 43: 247~250

2. Hou Zengqian, Liu Yan, Tian Shihong, Yang Zhiming, Xie Yuling. 2015. Formation of carbonatite-related giant rare-earth-element deposits by the recycling of marine sediments. *Scientific Reports*, 5: 10231

3. Hou, Z-Q, Duan L-F, Lu Y-J., et al. 2015. Lithospheric architectures of the Lhasa Terrane and its control on the mineral systems in Himalayan orogen. *Economic Geology*, 110: 1541~1575

4. Hou, Z. Q., Zheng, Y. C., Yang, Z. M., Rui, Z. R., Zhao, Z. D., Jiang, S. H., Qu, X. M., and Sun, Q. Z. 2013. Contribution of mantle components within juvenile lower-crust to collisional zone porphyry Cu systems in Tibet. *Mineralium Deposita*, 48: 173~192.

5. Hou Zengqian, Zheng Y-C., Zeng L-S., et al. 2012. Eocene-Oligocene granitoids of southern Tibet: Constraints on crustal anatexis and tectonic evolution of the Himalayan orogen. *Earth Planet. Sci. Lett.*, 349~350: 38~52

6. Hou Zengqian and Cook Nigel. 2009. Metallogensis in the Tibetan collisional orogenic belt: A review. *Ore Geology Reviews*, 36: 2~24

7. Hou Zengqian, Tian Shihong, Yuan Zhongxin, Xie Yuling, Yin Shuping, Yi Longsheng, Fei Hongcai, Yang Zhiming. 2006. The Himalayan collision zone carbonatites in Western Sichuan, SW China: petrogenesis, mantle source and tectonic implication. *Earth Planet. Sci. Lett.*, 244: 234~250

8. Hou Zengqian, Gao Y−F, Qu X−M, Rui Z−Y, Mo X−X. 2004. Origin of adakitic intrusives generated during mid−Miocene east−west extension in southern Tibet. *Earth Planet. Sci. Lett.*, 220: 139~155

9. Hou Zengqian, Ma Hongwen, Khin Zaw, Zhang Yuquan, Wang Mingjie, Wang Zeng, Pan Guitang, Tang Renli. 2003. The Himalayan Yulong porphyry copper belt: produced by large−scale strike−slip faulting at Eastern Tibet. *Economic Geology*, 98: 125~145

10. Hou Zengqian, Khin Zaw, Qu Xiaoming, et al. 2001. Origin of the Gacun volcanic − hosted massive sulfide deposit in Sichuan, China: Fluid inclusion and oxygen isotope evidence. *Economic Geology*, 96: 1491~1512

蒋少涌

小　传

蒋少涌，中国地质大学（武汉）教授，中共党员。1964年12月生，男，湖南湘潭人。1984年7月毕业于北京大学地质学系岩矿及地球化学专业，1987年7月获北京大学地质学系地球化学专业硕士学位；1995年11月获英国Bristol大学地质学系地球化学专业博士学位。1995~1999年在英国、德国任助研和洪堡学者博士后研究人员；1999年起任南京大学长江学者特聘教授，2006~2014年任内生金属矿床成矿机制研究国家重点实验室（南京大学）主任；2013年至今在中国地质大学（武汉）任教授（博导）、紧缺战略矿产资源协同创新中心主任。2015年6月起任校长助理。兼任中国矿物岩石地球化学学会同位素地球化学专业委员会和矿床地球化学专业委员会副主任，中国地质学会同位素地质专业委员会副主任，中国质谱学会同位素质谱分专业委员会副主任，国际SCI杂志《Journal of Geochemical Exploration》、《Mineralium Deposita》、《Canadian Journal of Earth Sciences》副主编，《Chemical Geology》编委。获国家杰出青年基金（1999年）和国家自然科学基金委员会创新研究群体（2002年）资助，获中国青年科技奖、黄汲清地质科技奖、侯德封奖等荣誉。主要从事矿床学和地球化学的教学与科学研究工作，在华南古生代海底喷流热水沉积矿床、华南花岗岩与成矿、华南多成因类型锡多金属矿床、南海天然气水合物矿藏、硼和硅等非传统稳定同位素地球化学及其矿床学应用研究和金属矿床直接定年研究等方面取得了一系列重要成果，已发表 SCI 论文 260 余篇，获教育部自然科学一等奖 2 项（均排名第一）；国土资源部科学技术二等奖 2 项（R2、R3）；广西科学技术进步二等奖 1 项（R4）；地质矿产部科技进步二、三等奖各 1 项（均 R2）。2014 和 2015 年均入选 Elsevier 地球和行星科学领域中国高被引学者之一。

主要学术成就与贡献

1980 年，不满 16 周岁的蒋少涌从湘潭锰矿一个偏僻的小山村——冷水冲有色地质 236 队驻地只身一人来到北京大学地质系求学，开启了他的地质人生。在北京大学本科和硕士 7 年后，他来到中国地质科学院矿床地质研究所工作，1992 年国家公派赴英国留学，1999 年受聘为教育部首批长江学者特聘教授，回国从事地质教学与科研工作。三十多年过去了，这位当年从湖南一个小山沟里走出来的毛头小伙，通过勤奋工作、团结协作、开拓奋进，已经成长成为一名优秀的地质工作者，在教学和科研方面均取得了显著的成就。

一、从小就将锰矿石和满山的黑石头当"玩具"，长大后孜孜以求的就是破解这些石头的生命奥秘

童年时代，陪伴蒋少涌的"玩具"多是路边随处可见的锰矿石和满山的黑石头——赋存锰矿石的围岩黑色页岩。1980

年，16 岁的蒋少涌考取了北京大学地质系，进校学习后，才逐渐对地球科学特别是地球化学有了较为深入的了解，也逐渐对这门学科产生了浓厚的兴趣，从而认识了在家乡随处可见的黑石头原来属于经济价值和科研价值均很大的一种重要矿床类型。在黑色页岩中，不但可以赋存锰矿石，还有储量可观的磷矿石、重晶石矿石、铜铅锌矿石，以及研究价值极高的镍钼多金属硫化物矿石等。这类矿床的形成机制与沉积环境国内外学术界存在长期争论。蒋少涌及其科研团队通过对华南前寒武纪、寒武纪黑色页岩及其中赋存的丰富的多金属矿产的长期研究，提出一系列指示海底热液成矿特征及缺氧硫化沉积环境的地质、地球化学（稀土元素和氧化还原敏感元素及铂族元素异常）、同位素（锇和钼）等方面的证据，论证该类矿床为海底热液沉积成因，丰富了海底热液沉积矿床类型。对该类矿床精确定年及缺氧硫化环境的相关成果以"Early Cambrian ocean anoxia in South China"为题发表在《Nature》上。系列成果同时在《Palao-3》《Mineralium Deposita》《Chemical Geology》等 SCI 刊物发表。

层控型海底热液硫化物矿床是世界上铜铅锌矿产的一个主要来源，华南古生代地层中是否存在该类型矿床长期存在争议，蒋少涌及其科研团队对广西大厂锡多金属矿床和长江中下游铜多金属矿床进行了系统研究，发现与同生热液有关的沉积结构构造、灰泥丘构造、稀土元素、同位素及年代学等新证据，证实存在一期古生代海底热液沉积成矿作用，论证这些矿床受到燕山期岩浆热液强烈叠加改造，建立叠加成矿的矿床模型。对加拿大沙利文超大型块状硫化物矿床进行系统研究，揭示了该矿床的海底热液沉积成矿机制。相关成果在《Chemical Geology》、《Economic Geology》等 SCI 刊物发表。应邀在第 12 届水岩相互作用国际会议开幕式上作大会特邀报告。2012 获教育部自然科学一等奖（R1）。

二、时时想着"创新"，不断开拓新技术、新方法，并将其应用到矿床学研究中

1987年，蒋少涌从北大硕士毕业后，分配到中国地质科学院矿床地质研究所工作，正式开启了他的科研生涯。他参加了由著名同位素地质学者丁悌平研究员主持的"硅同位素分析方法及其地质应用研究"课题。经过3年多的努力，在硅同位素分析方法上获得重大突破。通过对硅同位素分析方法的重大改进，在测量精确度上比国外提高了一个数量级，达到国际领先水平。进而他们又对自然界中硅同位素的分布状况进行了系统观测，发现硅同位素在低温地球化学领域、水圈-生物圈地球化学演化、热液成矿作用、显示硅质来源等方面具有潜在的应用远景。蒋少涌在矿床学重要刊物《Economic Geology》发表了国际上第一篇硅同位素矿床学应用论文。

与此同时，蒋少涌又将目光瞄准了当时在国际上研究刚刚起步的另一个新的同位素体系——硼同位素。1992年，他成功获得了中英友好奖学金，赴英国布里斯托大学师从国际著名的地球化学家Martin Palmer教授开始了硼同位素新方法及其在矿床学上的应用研究。成为国际上较早将硼同位素系统应用于矿床学研究的学者之一。辽东超大型硼矿床长期被认为是矽卡岩型或混合岩化热液型矿床，蒋少涌通过硼同位素研究提出古蒸发岩成因新认识；他还系统研究了加拿大沙利文超大型块状硫化物Pb-Zn-Ag矿床，提出硼同位素可用于识别这类矿床形成过程中下渗海水和上升成矿流体混合的成矿机制；他对岩浆演化和去气过程的硼同位素分馏研究，修正了前人提出的岩浆过程不发生硼同位素分馏的认识。对硼同位素分析方法的创新获得中国（2012）和美国（2013）发明专利（第一发明人）。在国际SCI刊物《Chemical Geology》等发表多篇论文。

硼和硅同位素相关成果被编入国外教科书《Stable Isotope

Geochemistry》和国内教科书《稳定同位素地球化学》；被美国矿物学地球化学系列评述专著《Boron：Mineralogy，Petrology and Geochemistry》以专门小节加以介绍；被《Nature》等论文多次引用。2002 获教育部自然科学一等奖（R1）。

三、足迹踏遍我国的山山水水，对华南矿产资源形成之谜提出新的见解

搞地质是十分艰苦的，野外找矿只见泥土不见人烟，许多人不愿干这一行，但蒋少涌做好了研究地质就要孤寂一生的心理准备，工作足迹踏遍了我国的山山水水，把"论文"写在了祖国的大地上。而且，走出国门，对欧洲各国、加拿大和澳大利亚的许多矿产进行过野外调查和研究工作。

蒋少涌有着干不完的活：带学生实习、备课、上课、指导实验、合作交流……他一直保持着当年在国外刻苦求学时的习惯：周一至周日都要在实验室或办公室干活，一般早上 8 点进实验室，常常干到夜里 12 点才回家。对他来说，基本上没有休息日一说。曾答应家人一起去度一次假的承诺至今也未兑现，但就是这样，还是觉得时间不够用。蒋少涌每年都有好几个月在野外从事地质考察、采集矿石和岩石标本，往往手持一张地质图，背个水壶，带点干粮，就在野外待上一整天。靠着两条腿，他的足迹遍布云南、贵州、湖南、江西、福建、内蒙古、辽宁、吉林等大半个中国，采集到了成百上千的岩矿样品，发表了一篇又一篇的论文。

锡矿是我国特色优势矿种，其形成机制多认为与 I 型或 S 型花岗岩及岩浆热液成矿有关。蒋少涌及其科研团队对华南超大型芙蓉锡矿进行研究，指出与成矿有关花岗岩具有 A 型花岗岩的地球化学和同位素特征，黑云母和角闪石等造岩矿物含锡高，其广泛蚀变形成绿泥石＋锡石＋金红石组合矿体，提出 A 型花岗岩绿泥石化热液蚀变成矿新认识；成果在《Gondwana Research》、

《European Journal of Mineralogy》等 SCI 刊物发表。国际矿床学界对变质作用过程能否形成有经济价值的锡矿尚无定论。蒋少涌及其科研团队对云南云龙锡矿进行系统研究，提出该矿形成与变质混合岩化作用有关，矿物化学、稀土元素和氢-氧-硫-铅同位素及流体包裹体证据表明成矿流体具变质热液特征，为变质-混合岩化热液型锡矿新类型，丰富了锡矿成矿理论；成果在《Chemical Geology》等 SCI 刊物发表。

四、不断拓宽研究领域，率先将地球化学应用到我国南海天然气水合物勘查工作中

地质学家是新时期的游击队和突击队！蒋少涌作为长江学者特聘教授和学科带头人，是新时期的"突击队长"，是科研团队的领军挂帅人物，不但需要坐镇中军，指挥调度，而且更担负着具体攻坚突击任务，是拼搏在第一线的战斗员，任重而道远。近年来，除系统开展了我国急需的金、铜、铀等多金属矿产地质研究工作外，蒋少涌及其团队还参加了我国海域天然气水合物（"可燃冰"）新能源的勘查工作，率先开展了南海天然气水合物地球化学识别技术与异常评价研究。作为船上地球化学家参加了国际综合大洋钻探计划 IODP308 航次在墨西哥湾深水区的研究。提出利用孔隙水中溶解无机碳的碳同位素来示踪天然气水合物的新方法，总结了一套系统的天然气水合物地球化学异常识别标志，为我国在南海的天然气水合物勘查国家专项提供了技术和理论指导。

五、教书育人、为人师表

自 1999 年学成归国，成为我国首批长江学者特聘教授，先后在南京大学和中国地质大学（武汉）从事地质教育工作已满18 载，工作中一直努力为人师表、教书育人，为我国地学领域

培养优秀人才。

为本科生讲授《同位素地球化学》《矿床地球化学》《矿产资源导论》课程，为研究生开设《矿床学新进展》《成矿作用与成矿模式》和《现代同位素地球化学》专业课，讲课深入浅出，受到学生好评。

在教材编写方面，参加由陈骏院士和王鹤年教授主编的《地球化学》（科学出版社）教材的编写，负责其中稳定同位素地球化学和同位素地质年代学两个章节的编写工作，目前该教材已成为国内许多高校地球化学的主要教材或教学参考书。参与由王颖院士主编的《中国海洋地理》（科学出版社）一书的编写，负责其中的海洋天然气水合物部分的编写工作。参与由张本仁、傅家谟院士主编的《地球化学进展》（化学工业出版社）一书的编写，负责其中的矿床地球化学研究进展部分的编写工作。参与由翟明国院士主编的地球科学学科前沿丛书《矿产资源形成之谜与需求挑战》（科学出版社）一书的编写，负责其中五个章节的编写。

指导的学生中共有硕士生 30 余人，博士生近 30 人，博士后 10 余人，国际留学生 3 人。已出站的 7 名博士后中有 3 人已成为教授、3 人为副教授。已毕业的博士生中有 2 人已成为教授，4 人成为副教授。特别值得一提的是已毕业的博士生赵葵东，现为中国地质大学（武汉）教授和博士生导师，2014 年成功获得国家自然科学基金委优秀青年基金。

代表性论著

1. Jiang Shao-Yong, Pi Dao-Hui, Christoph Heubeck, Hartwig Frimmel, Liu Yu-Ping, Deng Hai-Lin, Ling Hong-Fei, Yang Jing-Hong. 2009. Early Cambrian ocean anoxia inSouth China. Nature，459：E5～E6

2. Jiang Shao-Yong, Yang Tao, Ge Lu, Yang Jing-Hong, Wu Neng-You, Liu Jian, Chen Dao-Hua. 2008. Geochemistry of pore waters in sediments of the

Xisha Trough, northern South China Sea and their implications for gas hydrates. Journal of Oceanography, 64: 459~470

3. Jiang Shao-Yong, Yang Jing-Hong, Ling Hong-Fei, Chen Yong-Qian, Feng Hong-Zhen, Zhao Kui-Dong, Ni Pei. 2007. Extreme enrichment of poly-metallic Ni−Mo−PGE−Au in Lower Cambrian black shales of South China: an Os isotope and PGE geochemical investigation. Palaeogeography, Palaeoclimatology, Palaeoecology, 254 (1~2): 217~228

4. Jiang Shao-Yong, Zhao Hai-Xiang, Chen Yong-Quan, Yang Tao, Yang Jing-Hong, Ling Hong-Fei. 2007. Trace and rare earth element geochemistry of phosphate nodules from the lower Cambrian black shale sequence in the Mufu Mountain of Nanjing, Jiangsu province, China. Chemical Geology, 244: 584~604

5. Jiang Shao-Yong, Yu Ji-Min, Lu Jian-Jun. 2004. Trace and rare earth element geochemistry in tourmaline from the Yunlong tin deposit, Yunnan, China: implication for migmatitic-hydrothermal fluid evolution and ore genesis. Chemical Geology, 209 (3~4): 193~213

6. Jiang Shao-Yong, Palmer MR, Yeats C. 2002. Chemical and boron iso-tope compositions of tourmaline from the Archean Big Bell and Mount Gibson gold deposits, Murchison Province, Yilgarn Craton, Western Australia. Chemical Geology, 188 (3~4): 229~247

7. Jiang Shao-Yong. 2001. Boron isotope geochemistry of hydrothermal ore deposits in China: A preliminary study. Physics and Chemistry of the Earth (A), 26: 851~858

8. Jiang Shao-Yong, Slack J F, Palmer M. R. 2000. Sm−Nd dating of the giant Sullivan Pb−Zn−Ag deposit, British Columbia. Geology, 28: 751~754

9. Jiang Shao-Yong, Palmer M. R., Slack J. F., Shaw, D. R. 1999. Boron isotope systematics of tourmaline formation in the Sullivan Pb−Zn−Ag de-posit, British Columbia. Chemical Geology, 158: 131~144

10. Jiang Shao-Yong, Palmer M. R., Ding Ti-Ping, Wan De-Fang. 1994. Silicon isotope geochemistry of the Sullivan Pb-Zn deposit, Canada: A preliminary study. Economic Geology, 89: 1623~1629

李四光地质科学奖

地质教师奖获得者

彭建兵

小　传

　　彭建兵，长安大学教授，男，1953年4月生，湖北麻城市人，中共党员。1978年10月毕业于武汉地质学院地质与矿产普查专业，随即分配西安地质学院任教，1992年晋升为副教授，1996年担任水文工程与地质工程系副主任，1997年晋升为教授，1999年获西安工程学院工学博士学位，1999年任博士生导师并担任水文工程与地质工程系主任，2001年1月~2011年11月任长安大学地质工程与测绘学院院长。现任长安大学地质灾害防治研究院院长，西部矿产资源与地质工程教育部重点实验室主任，二级教授，博士生导师，国家973项目首席科学家，国务院政府津贴专家，全国模范教师，地质工程国家重点学科带头人，国土资源部科技创新团队带头人。学术兼职为国家自然科学基金委员会地学部评审组委员、国土资源部地质灾害应急防治专家组成员、中国地质学会工程地质专业委员会主任委员、中国地质学会地质灾害专业委员会副主任委员、中国科协滑坡专家委员会委员，是我国工程地质和地质灾害领域的主要学术带头人之一。

　　从事工程地质、地质灾害及城市地质等方面的科研与教学工作近 40 年。先后主持承担国家 973 计划项目、国家自然科学基金重点项目、国土资源大调查计划项目等重大项目 20 余项。在科学研究方面取得了一系列重要成果，发表学术论文 311 篇，其中 SCI、EI 收录论文 92 篇；第一作者出版学术专著 8 部；获国家科技进步奖二等奖 1 项（R1），省部级科技成果一等奖 7 项（4 项 R1），获发明专利 8 项；长期担任教育部地质工程教学指导委员会委员，主持省部级教学研究项目 2 项，既教书又育人，迄今已培养博、硕士生及博士后 107 人，2014 年被评为全国模范教师，2015 年被评为陕西省师德楷模，为国家高层次地学人才培养做出了重要贡献。

主要科学技术成就与贡献

彭建兵在地质环境脆弱、地质灾害多发的西北地区工作、生活了近 40 年，持久地探索着与西北高原地区经济建设和人民安居密切相关的地质灾害科学问题。他的科学研究主要聚焦在地裂缝灾害、黄土灾害和区域地壳稳定性等三个方面。研究取得了系统性的创新成果，推动了工程地质和地质灾害学科专业的发展，其成果广泛应用于诸多领域的重大工程建设中，为国家经济和社会发展做出了重要贡献。

一、完成西安-汾渭-华北地裂缝研究三部曲，创新提出了多因耦合共生成缝理论，引领了国内外地裂缝研究

地裂缝在我国，尤其是大华北地区广泛存在，其中黄土高原东部的汾渭盆地最典型，严重威胁着西安、北京等重大城市和地铁、高铁等长输生命线工程安全。长期以来，国内外学术界对地裂缝的分布规律、破裂结构、运动与活动方式、成因机

理和致灾规律均认识不足，甚至存在误区，因此严重制约着其防控理论的发展，成为地质灾害领域亟待解决的重大科学问题，也是当前国际防灾减灾领域的重大难题。自1988年以来，彭建兵率其团队历经28年的攻关，在20余项国家及省部级科技项目的支持下，以西安地裂缝研究为突破口，以汾渭盆地地裂缝研究为创新基地，延伸到华北平原典型地裂缝的精细研究，突破传统理论的限制，在深入理解地裂缝成因与复活机理的基础上，查明并揭示了中国大华北地区地裂缝的时空分布规律，研发了地裂缝精细探测和精准监测的新技术，攻克了地裂缝减灾方面的国际公认难题，完成了西安、汾渭和华北地裂缝研究的三部曲，创新了地裂缝成因与减灾理论，形成了国内独一无二的地裂缝研究成果与研究团队。通过持续12年的野外地质调查和240多幅不同尺度的地质填图，查明了汾渭盆地地裂缝的分布状况，揭示了地裂缝的区域分布规律；通过27000m进尺的地质钻探、22个大型科学探槽、230km长的浅层地震勘探和4km^{2}的三维地震勘探，发现了地裂缝的立体破裂结构模式，揭示其三向产出规律和运动规律；通过天地一体化监测，掌握了地裂缝的动态变化特征，揭示了地裂缝的时间活动规律；通过历时6年的多组大型物理模拟试验，以及数百组数字仿真模拟，再现了地裂缝的形成演化过程和地裂缝破坏工程建构筑物的细节过程，揭示了地裂缝的成生规律和工程致灾规律；在上述工作基础上，继续辅以大型物理数值模拟和理论分析，研究提出了城市地裂缝综合防治技术体系，突破了地铁、高铁、高速公路和长输管线等生命线工程的地裂缝减灾难题，形成了地裂缝成因与减灾的系统理论，引领了国内地裂缝研究，并将其推进到国际学术前沿。其主要成果如下。

1. 查明了大华北地区地裂缝的分布特征，揭示了中国大华北地裂缝的时空发育规律和演化过程

针对华北平原和汾渭盆地大规模群发地裂缝灾害，系统查明了其分布状况，共发现地裂缝1521条，编制了不同比例尺地裂缝分布图 278 幅，涵盖中国大华北 5 个省区 11 万平方千米，形成了我国地裂缝研究的系统基础资料；揭秘了地裂缝在拉张盆地区群发、沿活动断裂带集中、顺地貌变异带展布、在地面沉降区出露的空间分布规律；发现了地裂缝在晚更新世以来 3~4 次周期性开裂，近 40 年来受人类活动影响历经 3~5 次周期性复活的时间活动规律；发现并厘定了地裂缝的走向分段、平面分支、垂向分层、剖面分带的立体结构模式，定量地确定了地裂缝两盘的破裂带宽度和影响带范围；通过大型物理模拟试验和数值仿真模拟发现，地裂缝的形成演化过程可分为萌生、成型和复活扩展等三阶段。

2. 研究发现大华北地区地裂缝的分布、运动与活动明显受构造控制，解密了大华北地区地裂缝的内动力成生规律

从大陆动力学研究入手，揭示了大华北地区多个盆地地裂缝的群发机制。GPS 监测发现，汾渭盆地大规模群发地裂缝本质上是青藏高原隆升东挤的远程地表破裂响应；华北平原地裂缝的群发则与太平洋板块和菲律宾板块向欧亚大陆碰撞所派生的中国东部地块向东、南东伸展的构造作用有关；从盆地动力学研究入手，解析了单个盆地多条地裂缝的同生机制。研究发现，单个盆地多条地裂缝的同生机制主要受三种因素控制：①深部应力上传模式；②浅部应力传导模式；③表部应力驱导模式。从断裂动力学研究入手，诠释了断裂带与地裂缝的共生机制。其共生机制可诠释为三种模式：①生长模式，主干地裂缝与下伏断层相连接，它们多是在隐伏断层上生长起来的；②伴生模式，主干地裂缝上、下盘发育的与主裂缝走向平行的次级地裂缝，它们是断裂带活动时伴生的次级破裂；③派生模式，次级裂缝上盘的更次级裂缝或与主裂缝走向不一致的次级裂缝，它们是断裂带局部应力场派生的次级破裂；监测发现其运动以垂直位错为主、水平拉裂较小、水平扭动极小，与盆地正断层运动方式一致。这些成果为地裂缝的成因破解和科学减灾提供了关键地质依据。这些发现表明，地裂缝的形成主要由区域、盆地和断裂等不同尺度的构造动力所驱动。

3. 从水动力学研究入手，揭示了水动力作用下地裂缝的扩展机制，确定地裂缝现今超常活动主要由人类活动所致

研究发现，大华北地区地裂缝现今活动量远大于断裂活动量，其超常活动主要受水动力变化所致。大型物理模拟和数值模拟发现，抽水扩展机制主要表现为两种模式：①垂向位错加积模式，物理模拟和数值模拟发现，超采地下水引起的土层压密变形直接加剧了地裂缝的垂直位错；②横向拉裂增长模式，抽水引起的地下水流场的水平运动，可远程牵动先期破裂面拉裂变形而扩展地裂缝。现场浸水试验和数值模拟发现，浸水扩缝机制表现为强降雨冲蚀扩缝、地下水潜蚀扩缝、强渗透劈裂扩缝和土体湿陷成缝等四种模式。依据上述发现，提出了构造控缝、应力导缝、抽水扩缝和浸水开缝的地裂缝成因新观点。

4. 发现了地裂缝活动下工程建（构）筑物的灾变规律，提出了地裂缝减灾理论

通过大型物理模型试验和数值仿真分析，发现了地裂缝活动下工程建构筑物的变形破坏主要表现为竖向张裂、斜向陷裂、水平剪裂、平面褶裂、对称开裂和三维扭裂等六种模式，揭示了地裂缝工程致灾的力学机制；研究建立了基于多卫星多分辨率的SAR数据高精度、长时间序列获取不同区域地裂缝形变过程的监测技术方法，获取了20世纪90年代至今的西安地裂缝地面沉降形变活动信息，为西安城市规划建设和地铁减灾设防提供了重要数据；首次提出了科学采水、合理避让、适应变形和局部加固的城镇地裂缝减灾技术体系，形成了地裂缝灾害防治的理论准则和国家行业标准；计算预测了现状开采条件下未来20年西安市地下水位和地裂缝的发展变化，提出了既能抑制地裂缝活动又能合理开采利用地下水资源的西安市地下水开采优化方案，其中实施的地下水限采方案已使 f_5、f_6、f_7、f_8 等地裂缝的活动在1996年后明显减弱，雁塔地区实施的地下水回灌工程使倾斜的大雁塔明显复位。

5. 在国际上率先解决了地铁工程地裂缝减灾重大技术难题，突破了世界首例地铁隧道地裂缝防治的关键技术

西安在建和拟建的 15 条地铁与 14 条地裂缝交汇点上百处，二者或直交，或斜交，或近距离平行，活动的地裂缝必然危害着地铁隧道的安全，地铁建设面临着如何防治和减轻地裂缝灾害的重大技术挑战。彭建兵课题组基于创新开发的大型物理模拟技术，再现了地裂缝活动时地铁隧道的破坏过程，验证了所提出的地铁隧道适应地裂缝变形的结构措施的科学合理性，攻克了世界上首例地铁防治地裂缝危害的技术难题：①提出了地铁隧道的地裂缝设防参数的计算公式和合理量值。通过物理和数值模拟，提出了地铁与地裂缝交汇处的地裂缝最大位错量、隧道抗裂预留位移量、纵向设防长度和平行时的避让距离的计算公式，计算给出了地铁设计使用期 100 年内这些设防参数的合理量值，为西安地铁工程设计提供了重要参数；②开发了地裂缝减灾大型物理模拟技术，模拟再现了地裂缝危害地铁隧道的力学机制。通过模拟实验，发现其变形破坏主要表现为拉裂破坏、拉张–扭剪破坏、剪切变形破坏和扭转剪切变形破坏等四种模式，首次揭示了地裂缝危害地铁隧道的力学机制；③提出了地铁隧道适应地裂缝变形的结构措施，建立了地铁工程防治地裂缝灾害的技术体系。提出了结构分段设变形缝、柔性接头连接、局部扩大断面和封闭的防水结构等适应地裂缝变形的四种隧道结构形式，并实施了明挖箱形隧道、浅埋暗挖马蹄形隧道穿越地裂缝带等多种工况的大型物理模型试验和数值仿真模拟，验证了所提结构措施方案的适宜性与安全性。研究成果已应用于西安地铁工程设计和施工中，解决了国际上首例地铁工程的地裂缝减灾技术难题。

6. 突破了高速铁路地裂缝减灾技术难题，形成了长输生命线工程地裂缝减灾技术示范

通过大比尺模型试验和数值仿真分析，发现在地裂缝活动下，高速铁路路基的破坏模式为弯曲—扭剪破坏，桥梁破坏模式为落梁、错位和刚性扭剪破坏，地下管道破坏模式为端部上翘的悬臂梁破坏、反向弯曲的弹性地基梁破坏模式。提出了高速铁路穿越地裂缝带路基采用柔性加固和刚性加固的措施,桥梁采用扩大跨度和简支梁结构的措施。为我国长输生命线工程地裂缝减灾设计提供了重要的理论依据和技术参数。

彭建兵率团队进行的西安地裂缝灾害、汾渭盆地地裂缝灾害、华北地区地裂缝灾害的系统调查,拉开了我国地质灾害地裂缝基础调查的序幕;团队研究编制的不同比例尺的地裂缝分布图,成为我国地质灾害地裂缝基础调查工作的首批成果,成为国土资源大调查领域的典范,其中研究提出的调查指标、调查程序与方法、探测及防治技术等已列入国土行业技术规程之中。研究直接推动了我国地质灾害地裂缝基础调查工作,填补了这一领域基础调查工作的空白。创新提出的线性工程地裂缝减灾理论,突破了高速铁路地裂缝减灾科学难题,成果已应用到大同—西安高速铁路和北京—沈阳高速铁路的设计与施工中,在全国其他长输生命线工程中也得到示范应用,为我国高速铁路建设做出了贡献。国家自然科学基金委专门刊登新闻对其进行报道,评价为"地质学家为地铁、高铁成功穿越地裂缝(区)保驾护航"。彭建兵地裂缝研究的系列成果,引起了国内外学界的广泛关注,他多次被特邀在国内外学术大会上做主题报告,国际工程地质协会主席 Carlos 评价称"成果引领了国际同类研究,为工程减灾技术提供了很好的范例"。成果获国家科技进步二等奖和多项省部级奖。

二、研究揭示黄土灾害机理取得重要突破,丰富了黄土灾害成因与防控理论,为黄土地区减灾做出贡献

黄土高原地质灾害发育之频繁、灾难之严重在世界上是罕见的,它几乎威胁着黄土高原所有重大工程和大部分城镇。黄土地质灾害主要由水和人类活动所诱发,但地质结构如何控灾,水动力和人类活动营力如何诱灾仍是待突破的关键理论问题。20 多

年来，彭建兵针对这一科学挑战，作了大量的研究工作，特别是近年来依托国家"973"项目和国家自然科学基金重点项目，在黄土滑坡与洞穴灾害的成生规律、灾害成因及滑坡防治等方面取得了创新性研究成果，丰富发展了黄土灾害成因理论。

1. 揭示了黄土滑坡的发育规律与成灾模式

基于详细地质编录和科学勘探，发现黄土滑坡具有显著性的分布选择性和群发周期性，厘定黄土高原八个滑坡高发区和七种群集带，它们受控于地质构造和地貌结构的分区；滑坡多沿黄土塬边集中、顺沟谷两岸成带、在灌区和矿区多发、沿公路和铁路集中、在城镇附近群集；第四纪以来，大致出现过 8 个滑坡群发期，其中晚更新以来的四个群发期最强烈；发现黄土边坡各类结构面与各类易滑层构成黄土滑移面，并将边坡土体切割成不同组合型式和不同规模的三维地质结构体，不同立体结构体孕生不同黄土滑坡原型并控制着滑坡的成灾模式和规模：断层与基岩软弱层组合控制着黄土-基岩型滑坡，断层或构造节理与泥岩层组合控制着黄土-泥岩型滑坡，节理裂隙与古地貌面组合控制着黄土-古地貌面滑坡，节理裂隙与古土壤组合控制着黄土-古土壤滑坡，节理裂隙与黄土基座软化带组合控制着黄土层滑坡，结构面与易滑层的发育深度决定了滑坡的规模。

2. 揭示了黄土"水-土"相互作用规律及其诱滑机制

水是诱致黄土发生滑坡的主要原因，其机制破解长期困扰着地学界。彭建兵解决了如下五个难题：①破解了水入渗黄土的机制。发现水入渗黄土的途径为孔隙潜蚀型的非饱和渗透和裂隙冲蚀型的优势通道渗透等两类，揭示了地表水转化为地下水的机制过程；②破解了黄土"水-土"相互作用机制。黄土遇水后表现为水敏性与结构性的互馈作用，其微细观灾变效应是湿陷、流变、崩解和强度显著降低，其宏观灾害效应是流滑、崩塌、塌陷、沉降和裂缝等；③揭示了黄土边坡水文地质结构变化规律：研究发现，表水入渗黄土后抬升边坡地下水位，在一定深度形成饱和基座软化带，构成滑坡的底滑带；水沿结构面渗至易滑层并软化该层，降低其强度并转化为滑动带；④发现水作用下黄土滑坡启动机制为静态液化、强度劣化和动水挤出等三类：超孔隙水压力使基座软化带压剪液化启动滑坡，入渗水软化软弱层带骤降强度启动滑坡，边坡局部富集水动压挤出启动滑坡；⑤发现黄土滑坡运动方式为冲击液化、铲刮推覆、漂流铺撒等三种，滑体底面剪切液化造就滑坡高速运动，滑体铲刮推起形成逆冲推覆构造。

3. 揭示了工程扰动下黄土变形破坏规律与滑坡响应机制

实证分析与模拟研究表明，黄土高原发生的灾难性滑坡多由人类工程扰动引起。①研究发现循环加卸载作用下黄土表现为堆载体胀和卸载体缩的变形机制；②重力堆载可激活下伏软化层液化致滑，离心试验发现堆载滑坡具有典型的双滑面结构，外侧为浅层滑带，内侧为深层滑带；③物理数值模拟发现开挖扰动时黄土边坡水平位移随着开挖深度增加，其破坏过程是从坡脚局部破坏扩展到坡体整体破坏，为渐进后退式的破坏模式；④边坡开挖成陡坡后，卸荷裂隙持续发育和扩展，雨水渗入裂隙后在一定深度呈水平向渗透，软化基座土体而发生滑坡。

4. 揭示了黄土洞穴灾害规律，填补了黄土研究领域空白

黄土洞穴遍布黄土高原并危及各类工程，然而将黄土洞穴问题作为工程地质问题的研究程度还较低，特别是许多基础性问题还属研究空白。为了从根本上预防黄土暗穴对公路的危害，国家交通部将"探测湿陷性黄土暗穴技术研究"作为2001年西部交通建设科技项目的招标项目，彭建兵在激烈的竞争中中标。项目对黄土洞穴诸多基础性问题进行了系统梳理，对黄土高原地区黄土洞穴及其工程危害问题进行了深入研究，取得了一系列新的学术成果：①率先开展了黄土洞穴分布调查和分类研究，首次对黄土洞穴进行了全面分类及基本特征描述，划分出形态学分类、成因分类和灾害分类，提出了命名方案；②查明了黄土高原地区黄土洞穴的空间分布规律，将黄土洞穴分布区按洞穴发育密度划分为6个强度等级、39个子区

块，该研究成果及图件填补了国内这方面的研究空白；③揭示了黄土洞穴的形成与演化过程，提出了其成因理论，发现节理控制、浸水湿陷和表水冲蚀的洞穴形成演化模式；④研究了黄土洞穴的环境灾害效应及其对工程影响的程度，成功实验并推出了湿陷性黄土地区暗穴探测的成套技术系列；⑤定量评价了黄土洞穴对路基和边坡危害的作用方式，确定了公路暗穴破坏的各指标临界值，提出了公路暗穴危害评价的工作指南，为公路暗穴的防治提供了可靠的理论依据，填补了国内这方面研究的空白。在此基础上，首次提出了公路不同部位黄土洞穴的具体治理方案及处理的技术标准。

三、建立区域稳定动力学理论，为国家水电工程建设做出了贡献

在区域稳定动力学理论建立之前，重大工程选址主要理论依据是传统的区域稳定工程地质学。但是，传统的区域稳定工程地质学的理论基础已不适应当代地质学和工程科学的发展。因此，从国家重大工程建设的需要出发，亟待发展新的理论与新方法。彭建兵带领科研团队自 1988 起到 2003 年，历时 15 年，先后承担国家及省部级科技攻关项目 7 项，依托西北部地区的重大水电工程，建立了区域稳定动力学研究的理论与方法体系，发展了区域工程地质学。

1. 建立了区域稳定动力学研究的理论框架

基于大陆动力学理论，提出由区域深层、区域浅层、区域表层、区域活动构造和区域地震等五个层次的动力学子系统构架成区域稳定动力学系统，进而形成区域深层稳定动力学、区域浅层稳定动力学、区域表层稳定动力学、区域活动构造动力学和区域地震动力学五大理论体系，分别揭示了区域深层、浅层、表层和活动构造场的四层次协同驱动地壳失稳的动力学机制模式，形成了区域稳定动力学研究的学术思想体系。

2. 形成了区域稳定动力学评价的方法体系

其方法体系包括：区域非稳定动力学环境下的场地失稳效应评价、区域非稳定动力学环境下的地震工程效应评价、区域非稳定动力学环境下的岩体失稳效应评价和区域非稳定动力学环境下的工程断错效应评价。阐明了区域非稳定动力学环境下的地震工程效应、岩体失稳效应、地基失稳效应和建构筑物断错效应的机制模式，提出了区域稳定动力学评价的指标体系与方法。

3. 揭示了黄土高原中西部地区区域稳定动力学的机制模式

确定其深层动力学模式为流变拆离模式，浅层动力学模式为逆冲推覆模式，活动构造动力学模式为走滑挤出模式，地震动力学模式为共轭滑动模式，区域非稳定动力学模式为立交镶叠、多层协同失稳模式。这一成果两次获省科技成果一等奖。

4. 区域稳定动力学理论为国家水电工程建设做出了贡献，工程实践又不断丰富和发展了理论

区域稳定动力学理论体系是基于一系列的工程地质实践而建立起来的。在我国改革开放及现代化进程加速的大背景下，初步建立起来的这一理论体系即应用于国家多项水电工程建设工程中，完善和发展了这一理论体系。在黄河黑山峡河段区域稳定研究中，确定了黑山峡地区区域稳定动力学的四个模式，为黑山峡水电开发解决了三个重大工程技术问题，其成果已成为该河段开发的重要科学依据；在黄河积石峡水库滑坡的系统研究工作中，提出了高速飞行弹射型滑坡的成因模式，解决了坝址及库区十个滑坡的成因、稳定性评价及控滑措施等关键问题，为该工程的施工与运营安全提供了保障；在四川宝兴河上游水电工程大型滑坡稳定性研究工作中，提出了剪抽式滑坡的成因模式和利用滑体筑坝的可行性，为该工程的论证设计提供了基础资料；在陕西省黑河水库工程的工程地质论证研究工作中，发现并厘定了侧翼锁固的旋转变形体及其动力学机制，解决了坝址高边坡稳定性、大坝渗透稳定性、库区滑坡稳定性等评价计算及防治设计等重要技术问题；此外，还先后主持完成了湖南桃江核电站构造稳定性研究和西气东输工程活断层评价研究等项目。区域稳定动力学理论为这些重大工程解决了一系列关键地质难题，为国家西部大开发重大工程建设做出了贡献。该成果获得陕西省科技进步一等奖一项（排名第一）和甘肃省科技进步一等奖（排名第8）。

彭建兵坚持科学研究服务于国家目标的宗旨，将学术论文写在西北高原大地上，将研究成果应用于国家经济建设和社会发展中，解决了国家重大工程和城市建设中的一些重大地质问题，为国家城市建设、重大工程建设及减灾防灾做出了重要贡献。

四、坚守三尺讲坛教书育人，为国家高层次地质人才培养做出重要贡献

彭建兵从事教师工作近40年，他热爱地质教育事业，具有强烈的责任感和事业心，为人师表，勤勤恳恳，教书育人，成绩显著。

1. 始终把培养人才作为自己的主要职责

多年来彭建兵承担了大量的科学研究项目，但是他有一句口头禅："作为教师，培养人才是主要职责"。所以，不管研究工作多么忙，项目时间多么紧，他始终没有耽搁本科生、研究生的教学，坚持为本科生上课。先后开设了4门本科课程，为博、硕士研究生主讲3门课程，而且所开设的课程多数是前缘性、交叉性较强且难度较大的课程。他在2014年长安大学庆祝教师节大会上的讲话中，清楚地表现了他的心声和贡献。他讲到："多年的教育工作我深深体会到，一个大学教师，在为国家培养人才方面，要坚持三个层次的人才培养并重。一是为本科生、硕士生和博士生讲授专业基础和专业课，把国内外最新资料、最新理论和最新方法带给他们、传给他们，让他们富有扎实的基础知识和前沿的专业视野；二是倾力培养研究生，我已培养毕业博、硕士生73人，在校博、硕士生29人，那些已走出校门的研究生，大多数都成为我们国家不同领域的优秀中青年人才，每每听到他们的

进步信息，为人之师的成就感常常油然而生；三是长期着力于培养优秀青年教师和建设特色鲜明的学术团队。这些年，我感到最大的乐趣在于聚集了一批年轻教师在我身边共同探索科学问题，他们也不断地促进着我的科学思维高速运转。目前，我身边已形成了在地裂缝研究方面国内外独一无二、在黄土灾害研究方面国内外独具特色的学术团队。我感到自豪的是，在一系列大项目的涵养下，我们这个团队里一批三十多岁的年轻学子发展很快，他们全部都负责着国家自然科学基金项目，他们中的一些人有望成为我国新一代优秀的工程地质专家。"

2. 始终把开发和培养学生的创造性思维和创新能力放在首位

彭建兵经常给他的学生们讲：大学之所以大，不在于高楼大厦，而取决于大师。大师之所以大，就在于心胸大，能海纳百川；知识渊博，基础深厚，能撑起一片天；思维大，能站得高、看得远，始终立于时代最前沿；所谓创新或原创性成果，皆出于此。为此，从他当院长开始，就给一年级新生开出了一门新课程《专业通识》，学院里的教授们每人讲一次课，介绍自己的研究方向、研究过程及研究成果等，既对学生深入进行了专业教育，又开阔了学生的学术视野，促使学生尽快完成从高中学习向大学教育的转变，教育教学效果很好，很多学生反映："很期待下一次课"。彭建兵教授是地质科学家，但他非常喜欢哲学社会科学，他最大的业余爱好就是阅读，读书的范围很广，除哲学、历史、文学外，还很喜欢艺术设计等。所以，他在本科生、硕士生、博士生的课堂上常常给学生推荐书籍，还多次给他们学院的研究生赠送书籍，最多的一次送给学生 300 多套（哲学类），还给青年教师送书。他认为："科学家要想在自己研究方向上走得远，就必须打下坚实的基础，历史上许多大科学家的成就，就是得益于渊博的知识基础和多学科交叉而形成的创造性思维……一个不争的事实是，许多大科学家同时又是哲学家。"早在 1986 年，他就发表过《李四光地学思维方法的探索》论文，还和一些有共同爱好的老师一起，成立了"陕西省地学哲学研究会"，现在还担任全国地学哲学研究会常务理事。所以，在他的课程教学中，总是渗透着哲学思想、科学思维方法等内容，并能及时将现代自然科学和地球科学新理论、新技术引入到教学中，并注重将自己的科研成果融汇在教学中，引领学生进入本学科的前沿领域，大大地开拓了学生的视野和知识面，培养了学生再学习和创造性思维的能力。

3. 重视野外教学，注重培养学生的实践及动手能力

彭建兵经常把刘国昌先生的一句话："我们搞地质的不去野外，就搞不了地质"，传承给学生并且不断发扬光大。他有一个鲜明的特点：一有空就出野外，一出野外就很兴奋，在野外，每一个细节都要追根问底，对学生一讲就滔滔不绝……他详细制定出了不同年级开展不同层次野外实习的模式，并称之为科学化、精细化的野外实习模式。研究生的野外工作，除了规定时间外，根据实际情况和突发事件（滑坡等），随时出发。科学化、精细化的野外实习有效提高了学生掌握专业知识的效率，学生的动手能力和协作能力得到了显著提高。用他自己话说，就是"对培养学生在地质方面的空间思维非常有用，学生对专业的认识从点到线，再到面，最后达到立体，效果很好"。对教师做好野外实习教学他强调："每一位年轻教师都要过野外实习关，对野外实习要有兴趣、有热情。"对此，他结合自己的体会给出了宝贵经验：第一，实习之前，要做好功课，对实习地的地质情况有充分了解，对发现的问题要提前讨论；第二，在充分踏勘的基础上，找出学生感兴趣和能够活跃学生思维的问题；第三，严格按照程序进行野外实习，尤其要做好观测记录，注重获取第一手资料；第四，教师之间、学生之间、教师与学生之间要经常一起讨论实习中发现的问题，记下相关数据和所思考的问题；第五，及时撰写实习报告，及时进行总结。

4. 教书育人，将传授知识与育人教育有机地结合

在完成教学工作的同时，十分注重教书育人，把对学生的政治思想修养，优良的道德品质，崇高的责任感和事业心，吃苦耐

劳、脚踏实地的工作作风，不屈不挠、勇于奉献的精神等贯穿于教学的全过程。同时，注意为人师表，言传身教，以宽广的知识、扎实的学问功底、一丝不苟的教学态度、良好的教风和孜孜不倦的敬业精神影响和感染学生，令学生们感动，并视为楷模。此外，他对学生总是怀有一种慈爱之心，注意从思想和生活上关心学生，当知道某个学生存在思想问题或生活上遇到困难时，总是以长辈的身份在思想上给予引导，在生活上给予关心。用学校发给自己的奖金补助经济困难的本科学生，从精神和物质上鼓励学生努力求学，争取成为国家栋梁之材，因而深受学生们的爱戴。

彭建兵自 1992 年开始指导研究生以来，十分注意对研究生科学研究能力、创新性思维、严谨求实的研究作风的培养；强化研究生大工程观念和实践能力；坚持用国际化思路培养研究生，通过国际会议、国际合作科研、联合培养和国际学生交流等方式培养研究生的学术思路、基本功和国际视野。同时，带领学科团队建成研究生实践基地 5 个，为研究生实践能力、创新能力的培养提供了优良的条件。他培养已毕业的博士生均成为教学科研单位的技术骨干或单位领导，毕业的硕士多数在国内重点院校或研究所攻读博士学位，为国家培养高层次地学科技人才做出了一定贡献。由于他在教学和培养人才方面的贡献，2014 年被评为全国模范教师，2015 年被评为陕西省师德楷模。

代表性成果

1. 彭建兵. 2012. 西安地裂缝灾害. 北京：科学出版社
2. 彭建兵. 2008. 黄土洞穴灾害. 北京：科学出版社
3. 彭建兵. 2001. 区域稳定动力学研究. 北京：科学出版社
4. 彭建兵. 2006. 区域稳定动力学的应用实践研究. 北京：地质出版社
5. Peng Jianbing, Chen Liwei, Huang Qiangbing, et al. 2013. Physical simulation of ground fissures triggered by underground fault activity. Engineering

Geology, 155 (2): 19~30

6. Peng Jianbing, Fan Zhongjie, Wu Di, et al. 2015. Heavy rainfall triggered loess-mudstone landslide and subsequent debris flow in Tianshui, China. Engineering Geology, 186: 79~90

7. Lv Yan, Peng Jianbing, Wang Genlong. 2014. Characteristics and genetic mechanism of the Cuihua Rock Avalanche triggered by a paleo-earthquake in northwest China. Engineering Geology, 182: 88~96

8. Zhuang Jianqi, Peng Jianbing. 2014. A coupled slope cutting-aprolonged rainfall induced loess landslide: A 17 October 2011 case study. Bulletin of Engineering Geology and the Environment, 73 (4): 997~1011

9. Peng Jianbing, Leng Yanqiu, Zhu Xinghua, et al. 2016. Development of a loess-mudstone landslide in a fault fracture zone. Environmental Earth Sciences, 75 (8): 1~11

10. Peng Jianbing, Qiao Jianwei, Leng Yanqiu, et al. 2016. Distribution and mechanism of the ground fissures in Wei River Basin, the origin of the Silk Road. Environmental Earth Sciences, 75 (8): 1~12

赖绍聪

小　传

赖绍聪，西北大学教授，博士生导师。1963 年 10 月生，男，四川安岳人。1983 年毕业于华东地质学院，获学士学位，1988 年在该校获硕士学位；1994 年在中国地质大学（北京）获理学博士学位；1994 年至 1996 年，在西北大学地质学博士后流动站做博士后研究工作。1996 年至今在西北大学任教，曾先后担任西北大学地质学系主任、大陆动力学国家重点实验室常务副主任、地质学国家级实验教学示范中心主任。曾兼任教育部高等学校地球科学教学指导委员会秘书长、教育部高等学校地球物理学与地质学教学指导分委员会秘书长、中国地质学会地质教育研究分会副会长。

现兼任国务院学位委员会第七届学科评议组成员，教育部高等学校地质学类专业教学指导委员会副主任，陕西省地震学会副理事长，陕西省减灾协会常务理事，陕西省矿物岩石地球化学学会副秘书长；《岩石学报》、《地学前缘》、《岩石矿物学杂志》、《西北大学学报》等杂志编委。

国家高层次人才特殊支持计划领军人才（教学名师），教育部高等学校教学名师，陕西省教学名师，全国优秀博士学位论文指导教师，陕西省首批"三秦学者"特聘教授，陕西省"三五人才"。

国家级特色专业建设负责人，国家级精品课程、精品资源共享课负责人，国家级教学创新团队负责人。获国家级教学成果奖二等奖（两项）、陕西省教学成果奖特等奖（两项）、陕西省教学成果奖二等奖（两项）、陕西省优秀教材一等奖（两项）。主要从事造山带火山岩与蛇绿岩研究工作，曾获科学中国人基础科学研究领域 2014 年度人物奖、陕西省科学技术奖一等奖两项（R1、R3）、陕西省科学技术奖二等奖（R1）、教育部高等学校优秀青年教师奖、黄汲清青年地质科学技术奖、青年地质科技奖、青藏高原青年科技奖、陕西青年科技奖等多项奖励。先后发表论文 190 余篇，SCI 收录 58 篇，EI 收录 26 篇，出版著作 3 部，教材 5 部。

主要科学技术成就与贡献

一、地质科学研究成就

（一）在青藏高原火山作用与构造演化方面的研究成果

青藏高原是一块神秘的领域，是孕育当代地球科学新理论的天然实验室，是"打开地球奥秘的金钥匙"。赖绍聪凭借着扎实的知识底蕴，依据当代地球科学前缘理论，立足中国大陆与大陆构造在全球共性中的独特性，对比全球，选择青藏高原为研究基地，重点解剖，他克服了高原缺氧等重重困难，多次深入无人区从事野外调查。正是这种难能可贵的献身科学的精神，使他在青藏高原新生代火山岩、祁连山、阿尔金山、柴达木蛇绿岩及区域构造演化等方面取得了高质量的系统研究成果。

（1）论述了青藏高原北部新生代火山岩主要是以陆内造山带钾玄岩系列岩浆活动为主体，它们起源于加厚的陆壳底部或壳幔混合带，以及直接来源于地幔岩的局部熔融。这套火山岩的形成与新生代期间青藏板块向北的挤压和塔里木岩石圈根的阻挡作用，以及青藏地壳的水平缩短加厚有直接成因联系。

（2）通过对藏北和可可西里地区新生代古近-新近系火山岩的研究，认为青藏高原北部具有一个特殊的富集型上地幔和榴辉岩质下地壳类型。该区古近-新近系火山岩可以区分为碱性（钾玄岩质）和高钾钙碱性两个不同的系列。碱性系列为一套强烈富集轻稀土和部分大离子亲石元素的幔源岩浆系列，它们揭示了青藏高原北部陆下地幔为一特殊的富集型上地幔，古老沉积物和古洋壳物质再循环进入地幔体系对于形成这种特殊类型的富集地幔具有重要意义。钙碱系列火山岩主要岩石类型为安山岩-英安流纹岩类，它们属典型的壳源岩浆系列，轻稀土强烈富集和无负铕异常表明其源区物质组成可能相当于榴辉岩质，从而揭示了青藏高原北部具有一加厚的陆壳，其下地壳岩浆源区具榴辉岩相的物质组成。

（3）青藏高原新生代火山岩中关于巨晶的报道很少，对可可西里及芒康岩区发现的透长石及石榴子石巨晶，利用衍射及探针等方法对它们进行了详细的研究，从而为今后该领域的研究提供了重要的基础资料。

（4）参与了以高喜马拉雅地区为例，从地质学、岩石学、地球化学、实验岩石学和地球物理学等多方位对白云母花岗岩形成过程的研究。论证了一个比较合理的陆内俯冲带热结构与白云母/二云母花岗岩形成的成因模型，得到重要的新结论：白云母花岗岩的形成是陆内俯冲作用的结果。这一结论对于我们认识大陆构造及其岩浆-构造-热事件具有理论价值和学术意义。

（5）在论证了青藏高原北部新生代火山岩主体乃是一套陆内造山带钾玄岩系列火山岩，其原生岩浆起源于一种特殊的富集型上地幔以及 85~65km 深度附近一特殊的加厚陆壳底部壳幔混合带，在此基础上详细分析厘定了青藏高原新生代火成岩具有的分布规律，形成三条成对出现的火山岩-白云母/二云母花岗岩带，指出它们分别反映了不同时期青藏高原的南界和北界，同时也清楚地展示了高原南部陆内俯冲、北部稳定陆块阻挡的隆升机制。在此基础上提出了青藏高原是以冈底斯-羌塘造山带为核心，逐渐向南、北两侧水平扩展，通过三次造山幕事件，在更新世以来才形成现今青藏高原范围的高原造山隆升模式。

（6）详细厘定并指出北祁连古生代海相火山岩经历过复杂的构造变动和多期韧（脆）性变形，具有陆-陆碰撞构造混杂岩带的地质地球化学特征。采用岩石学、地球化学与大地构造学相结合的方法，将北祁连古生代海相火山岩区分为洋脊、洋岛及岛弧型三种构造岩石组合。论证了该区洋岛型火山岩的地质、地球化学特征，大地构造意义及其鉴别标志。

（7）根据火山岩构造岩石组合及其时空配置关系，提出了北祁连古生代为一多岛洋，由中间微陆块分隔的三个洋盆联合构成的认识。

（8）识别了柴达木北缘大型韧性剪切带，并对其构造特征进行了初步厘定。指出新发现的柴达木北缘大型韧性剪切带乃是伴随柴达木陆块与祁连陆块之间的陆-陆碰撞而形成的。

（9）论证了柴达木北缘古生代奥陶纪期间具有大洋构造环境及柴北缘古生代蛇绿构造混杂岩带的岩石大地构造意义，提出了古洋盆（古洋壳）的存在形式及鉴别标志，指出浅变质大洋拉斑玄武岩-辉长岩-角闪片岩-榴辉岩代表了不同俯冲深度上的古洋壳残片，它们与洋岛火山岩和蛇绿岩均是恢复和鉴别大洋环境的重要标志。并建立了陆-陆碰撞造山带及构造演化的岩石学模型。

（10）论述了阿尔金构造带三条蛇绿岩带的地质地球化学特征及其大地构造意义，指出阿尔金山本身在阿尔金断裂带形成之前可能并不是一个独立的构造单元。提出了阿尔金构造带乃是喜马拉雅造山时期在青藏高原北缘形成的一个新的构造单元，是由来自邻近的不同构造单元中的构造岩块镶嵌、拼接、堆叠在一起的一个复杂地质体，形成了一个阿尔金断裂-构造岩块镶嵌系统的认识。

（二）在秦岭造山带岩浆作用与构造演化方面的研究成果

秦岭是中国大陆最重要的典型造山带之一，赖绍聪及其科研团队聚焦秦岭构造演化中的关键核心问题，以勉略蛇绿岩的精细解析为抓手，经过 20 年的不断探索，为勉略缝合带的厘定以及中央造山系新的构造演化模型提供了重要基础科学依据。无论勉略缝合带抑或勉略蛇绿岩的发现和厘定，均属近年来秦岭造山带构造研究中的重要进展。上述发现使得对秦岭造山带的认识由过去简单的华北与扬子两大板块沿商丹带碰撞的构造体制转变为华北、秦岭微板块和扬子等三个板块沿商丹带和勉略带碰撞的构造体制。该项研究是关系整个秦岭-大别造山带基本构造格架与主要造山过程的关键问题。长期以来关于秦岭-大别显生宙板块构造，尽管仍有争议，但多数认为秦岭造山带是沿商丹缝合带华北与扬子板块于古生代至中生代初期的碰撞造山带，后又强烈叠加了中新生代陆内造山作用，而秦岭勉略带的发现和带内蛇绿岩火山岩的厘定就使秦岭造山带的形成演化，变成华北、扬子、秦岭三个板块沿商丹与勉略两缝合带俯冲碰撞造山，因而关系到整个秦岭造山过程与基本构造格架，也即关系到整个秦岭造山带的形成演化和相关的中国大地构造问题。而勉略带蛇绿岩的厘定和精细解析，为秦岭-大别第二条缝合带的存在及其东延细节提供了重要的科学依据。同时，这一研究也关系到中国大陆造山带基本特性、特征及大陆动力学探索的基本问题，显然具有重要的科学意义。

（1）利用地质地球化学、岩石大地构造学、岩石物理化学及相平衡理论多学科共同约束，探讨了秦岭造山带勉略缝合带火山岩系列组合、岩浆起源及其演化、源区物质组成及其上地幔类型，提出了造山带深部过程动力学的岩石地球化学约束，论证了蛇绿岩类型及其大地构造含义，从理论的角度揭示了区内不同岩石构造组合的板块构造环境与过程的内涵，并在此基础上反演和再造古老造山带的构造格局与演化历史，提出了勉略缝合带形成演化过程的岩石大地构造学模型。提出并详细论证了巴山弧印支期岛弧岩浆带的存在及其岩石地球化学特征；厘定并确认了南坪-琵琶寺-康县印支期蛇绿构造混杂带的存在及其岩石地球化学特征，从而为勉略结合带的东西延伸提供了重要证据。

（2）通过对秦岭地区晚三叠世花岗岩类的成因机制的研究，探讨了花岗岩成因和造山过程之间的关系，首次提出秦岭造山带晚三叠世花岗岩类是由俯冲陆壳在折返过程中发生多阶段部分熔融作用形成的，这为研究碰撞造山带中陆壳俯冲的动力学机制以及后碰撞型高 $Mg^{\#}$ 埃达克质花岗岩的成因机制提供了新的思路；重新离定了秦岭造山带三叠纪花岗岩类的形成时限，根据花岗岩的年代学和岩石学特征，划分出花岗岩形成的三个主要阶段。同时提出秦岭造山带晚三叠世花岗岩主要为后碰撞型高 $Mg^{\#}$ 埃达克质花岗岩，其源岩为中元古代地壳物质，并有少量新元古代新生地壳物质的加入；提出秦岭造山带在晚三叠世存在一期与花岗质岩浆作用同时代的镁铁质岩浆作用。通过系统的锆石 U-Pb 年代学研究，证明秦岭造山带晚三叠世花岗岩中广泛发育的暗色包体的形成时代集中在 220~210Ma，结合地球化学研究，提出这些暗色包体代表岩石圈地幔在晚三叠世部分熔融作用下形成的镁铁质岩浆，这对于研究秦岭造山带晚三叠世造山过程的深部动力学背景具有重要意义。

（三）在云南三江地区高黎贡带构造岩浆演化方面的研究成果

赖绍聪及其团队以现代高新测试技术为手段，瞄准三江地区特提斯演化过程中一些长期未能解决的关键问题，以花岗岩及其共生组合岩石系列为重点解剖对象，精细解析了高黎贡带内的四期岩浆作用，研究成果为南北构造带南段的原特提斯洋、班公-怒江洋和新特提斯洋演化提供了重要证据。

获得495~487Ma，121Ma，89Ma，和70~63Ma四个期次的岩浆结晶年龄，将这些岩石细分为四组。①早古生代花岗质片麻岩，具有相对较高的 $\varepsilon_{Nd}(t)$ 和 $\varepsilon_{Hf}(t)$ 值，分别为-1.06~-3.45和-1.16~2.09，相应的 Nd 模式年龄为 1.16~1.33Ga，Hf 模式年龄为 1.47~1.63Ga。Sr-Pb 同位素和保山板块的早古生代平河岩体相似，变化范围较大。通过和平河岩体的地球化学和年代学对比，两者为同期的岩浆作用，且具有相似的物源和成因特征。因此我们认为该期岩浆作用是有俯冲的原特提斯洋板片断裂，镁铁质岩浆上涌引起壳内的中元古代的变泥质岩部分熔融形成，同时又有幔源物质的加入。②早白垩世花岗闪长岩，具有相对低的 $\varepsilon_{Nd}(t)=-8.92$ 和 $\varepsilon_{Hf}(t)=-4.91$，相应的 Nd 和 Hf 模式年龄为 1.41Ga 和 1.49Ga。花岗闪长岩具有高的初始 $^{87}Sr/^{86}Sr=0.711992$ 和下地壳 Pb 同位素组分。这些地化数据表明花岗闪长岩可能是下地壳中元古代的麻粒岩相的拉斑系列角闪岩部分熔融形成的。③晚白垩世早期花岗岩，具有较低的 $\varepsilon_{Nd}(t)=-9.85$ 和 $\varepsilon_{Hf}(t)=-4.61$，相应的 Nd 和 Hf 模式年龄为 1.43Ga 和 1.57Ga。这些花岗岩具有高的初始 $^{87}Sr/^{86}Sr=0.713045$ 和下地壳的 Pb 同位素组分。地化特征显示晚白垩世早期花岗岩是有中元古代的变泥质岩部分熔融形成的，通过与区域上对比，我们认为这次岩浆活动可能是由班公-怒江大洋的闭合和拉萨-羌塘板块的拼贴形成的加厚地壳的拆沉引起的。④晚白垩世晚期到古新世花岗质片麻岩，具有低的 $\varepsilon_{Nd}(t)=-4.41~-10$ 和 $\varepsilon_{Hf}(t)=-5.95~8.71$，相应的 Nd 和 Hf 模式年龄为 1.08~1.43Ga 和 1.53~1.67Ga，高的初始 $^{87}Sr/^{86}Sr=0.7132201~0.714662$ 和下地壳 Pb 同位素组分，这些数据显示该期花岗岩可能是新特提斯洋东向俯冲有关的下地壳硬砂岩部分熔融形成的。

（四）在腾冲板块早白垩世高分异I-型花岗岩的成因和构造意义方面的研究成果

滇西地区是南北构造带南段的重要组成部分，处于北西西走向的喜马拉雅特提斯构造域向东南亚构造域延伸的交接转换部位。腾冲板块就处于该重要构造位置，其东部沿怒江特提斯缝合带分布的早白垩世构造岩浆活动的地球动力学背景至今仍然存在争议。赖绍聪及其团队以该区典型花岗岩为研究突破口，通过对东河岩体的精细解析，提出了在早白垩世期间，沿着班公-怒江特提斯洋分布的拉萨-腾冲板块处于 Andean-type 活动大陆边缘背景的认识。这对于区域构造演化史的进一步深入研究有重要意义。

东河花岗岩位于腾冲板块高黎贡花岗岩带和腾梁花岗岩带之间，解决它的成因问题是理解之前科学问题的关键。通过对锆石 U-Pb 年代学研究表明其形成年龄介于 （130.6 ± 2.5） Ma 到 （119.9 ± 0.9） Ma 之间，这些花岗岩都表现出典型的高分异 I-型花岗岩特征：高的 SiO_2 含量 （>71%） 和 K_2O （3.88% ~ 5.66%），明显的钙碱性和弱过铝质特征 （A/CNK = 1.02 ~ 1.16），以及分异指数高达 83.6 到 95.6。随着 SiO_2 含量的升高，REE 分异程度和负 Eu 异常程度呈明显增强趋势，同时 Rb、Th、U 和 Pb 的富集程度及 Ba、Nb、Sr、P 和 Ti 的亏损程度也都呈现出逐渐增强的趋势。这些特征反映了在岩浆演化过程中钾长石、斜长石、黑云母、角闪石、磷灰石、榍石以及钛铁氧化物都经历了明显的分离结晶过程。相对低的初始 $^{87}Sr/^{86}Sr$ （0.7067 ~ 0.7079） 和富集的 $\varepsilon_{Nd}(t)$ （-8.6 ~ -10.1，T_{2DM} = 1.39 ~ 1.49 Ga），说明其源区是成熟古老的中下地壳混有少许的地幔物质。初始 $^{206}Pb/^{204}Pb$、$^{207}Pb/^{204}Pb$、$^{208}Pb/^{204}Pb$ 比值分别为 18.462 ~ 18.646、15.717 ~ 15.735 和 38.699 ~ 39.007，表明与俯冲有关的洋岛火山岩和成熟岛弧岩石参与其岩浆形成。依据其与华南和西南部高分异 I-型花岗岩相似的锆石饱和温度以及地球化学特征，再考虑到其区域地质背景，我们认为其源岩来自于中下地壳且受到地幔来源基性岩的小部分混染，受泸水-潞西-瑞丽特提斯洋的向南俯冲，来自于地幔楔物质提供了充分热熔体引起中下地壳熔融。

（五）在扬子西缘新元古代花岗岩类成因及其构造意义方面的研究成果

扬子地块西缘新元古代岩浆岩的成因研究对于探讨该区 Rodinia 超大陆的演化具有十分重要的意义。赖绍聪及其团队选择扬子地块西缘康定-泸定地区新元古代高 Mg 石英二长闪长岩和花岗闪长岩进行系统的年代学和地球化学研究。系统的锆石 LA-ICP MS U-Pb 年代学研究表明，高 Mg 石英二长闪长岩的形成年龄为（754±10）Ma，花岗闪长岩的形成年龄为（748±11）Ma，两个年龄在误差范围内一致。高 Mg 石英二长闪长岩具有低的 SiO_2 含量（60.76% ~ 63.78%）和高的 TiO_2 含量（0.41% ~ 0.56%），岩石比较富 Na，属于准铝质系列，在球粒陨石标准化稀土元素分图解上，岩石富集轻稀土，其 $(La/Yb)_N$ 比值介于 4.14 到 8.51 之间，$Eu^*/Eu = 0.79 ~ 0.92$。全岩 Sr-Nd 同位素分析结果表明，岩石具有相对亏损的 Sr-Nd 同位素组成，其 $(^{87}Sr/^{86}Sr)_i$ 初始同位素比值为 0.703513 ~ 0.704519，$\varepsilon_{Nd}(t)$ 值为 +2.4 ~ +4.8，结合岩石亏损高场强元素，认为这些高 Mg 石英二长闪长岩应起源于新生的镁铁质下地壳在高温条件下发生高程度（>40%）部分熔融作用，岩浆在上升过程中同化部分源区的难熔残留矿物，导致岩石整体 Mg 偏高。和石英二长闪长岩相比，该区的花岗闪长岩具有较高的 SiO_2 含量（65.32% ~ 67.59%），但是花岗闪长岩和石英二长闪长岩一样都属于钠质和准铝质系列，Sr-Nd 同位素分析表明，花岗闪长岩具有较富集的 Sr-Nd 同位素，而且花岗闪长岩具有较高的 Sr（425×10^{-6} ~ 537×10^{-6}）和 Ba（705×10^{-6} ~ 1074×10^{-6}）含量，表明其起源于富集斜长石的地壳的部分熔融作用。结合上述地球化学和年代学研究结果，我们认为石英二长闪长岩和花岗闪长岩都应起源于活动陆缘构造环境下下地壳的部分熔融作用，但是它们的地球化学差异表明两者起源于不同性质的地壳源区，这对于进一步探讨活动陆缘下地壳精细的部分熔融具有重要意义。

二、地质教育、教学成就

（一）为人师表、教书育人

赖绍聪从事高等教育三十多年来，一直工作在教学、科研第一线，他治学严谨、关注前沿、潜心科研、为人师表，注重培养学生全新的地学观及创新能力，在高等教育改革和人才培养中做出了突出成绩。

1. 育人有方，善于激活学生创新潜能

学生们都非常熟悉，赖绍聪是一位悉心育英才的导师。他的每堂课都是一次学术与激情的完美融合，知识与智慧的生动合作，新意与心意的真情传递，更重要的是他用自己独特的方法培养了学生的专业思维和创新能力，点燃了学生学习的热情，激活了学生创新的潜能，是一种精彩又成功的引导。

为了提高基地班学生的创新能力，实现国家理科人才培养基地研究型、创新型人才培养，他在课程教学过程中实施了研究性教学改革的探索。注重改变以往以验证为目的的课程教学内容，加强新思维、新技术和新方法在课程教学中的应用，建立了特色鲜明、科学合理、循序渐进的课程教学新体系，全面体现了研究性教学课程的设计性、综合性及创新性。以往的岩浆岩岩石学课程教学多是以观察为主，以达到理解课堂中理论的阐述和验证课程中对岩石现象形态的描述。他在新的岩浆岩课堂教学中，一方面突出重点，精简原来过于繁琐的记忆性内容，另一方面提出一些学科发展中具有代表性的问题及相应的参考文献，通过学生自己的阅读，写出该方面学科发展综述及自己对这些问题的认识。同时，在实习教学中只提供基本岩石素材，让学生综合运用所学知识，采用多种方法对所提供的岩石样品/薄片进行分析，最终做出岩石鉴定及分析报告。实践证明，这些是加强学生动手能力、综合能力训练行之有效的方法，对于提高学生思维能力有着良好的作用。

在指导培养博士、硕士研究生过程中，他注重培养研究生独立进行野外和室内创新性科学研究的素质和能力。培养过程中采取理论学习与科学研究实践相结合，知识传授与素质教育相结合，基本训练与能力培养相结合的原则，特别注重对于创新能力、科学道德、严谨学风和敬业精神的培养。对于不同的学生，他坚持因材施教，激发潜能，正是这样的坚持，他的育人卓有成效。指导的一名研究生，在硕博连读期间就以第一作者身份在《Lithos》、《Contributions to Mineralogy and Petrology》、《International Geology Review》等学术刊物发表 SCI 检索论文 8 篇、核心期刊论文 4 篇，并获"挑战杯"科技论文特等奖、陕西省自然科学优秀论文二等奖、陕西省科学技术奖一等奖（R2），其博士学位论文入选 2012 年度"全国百篇优秀博士学位论文"。

2. 献身地质，课堂野外心系教师职责

赖绍聪在课程教学过程中，方式新颖，条理清晰，激情幽默，总是在不知不觉中将学生带入一个岩浆起源、火山爆发、岩石形成与演化的美妙伊甸园中。他强调基础理论的深入理解、技术方法的合理运用，理论联系实际，注重培养学生分析问题、解决问题的实际能力，教给学生学习方法，最终起到使学生终身受益的作用，取得了很好的教学效果。

他主持的晶体光学与岩石学教学团队入选"国家级教学创新团队"，主持的"岩浆岩岩石学"已成为国家级精品课程、国家精品资源共享课程。独立编写的《岩浆岩岩石学》电子教材获陕西省优秀教材一等奖，作为第一编者完成并由高等教育出版社出版了《晶体光学与岩石学实习教程》，作为主要编写人在地质出版社出版了《晶体光学与岩石学》国家"十一五"规划教材。他积极参与教学改革研究工作，主持承担多项教育部、陕西省及西北大学教学改革研究项目，在《高等理科教育》《中国大学教学》等刊物发表教学改革研究论文 31 篇，为教学工作做出了重要贡献。

他喜欢《勘探队员之歌》，并将歌中地质工作者不畏艰险、克服困难、风餐露宿、四海为家、无私奉献，为祖国地质矿产事业奉献热血和青春的人格魅力带到了工作中。连续 12 年承担野外教学实习及指导本科学生毕业论文野外实习任务，并四年担任秦皇岛野外实习队队长。执笔完成了《秦皇岛野外教学实习规范》，使秦皇岛实习从室内准备、教师踏勘、野外路线、观察内容、记录格式、剖面图成图方法直到实习总结报告编写等全套过程均较先进和完善，保证了西北大学地质学系一年级教学实习的教学质量。

（二）改革创新、教学研究成果突出

1. 以国际化视野创建矿物岩石课程群 434 教学新体系

由于地质学地域特性制约，使得长期以来矿物岩石课程体系缺乏国际化视野，知识老化，前沿科研成果融入不足，教学方法传统、落后，严重制约了地质学专业人才培养质量的提升。针对这些重大问题，赖绍聪带领"晶体光学与岩石学"国家级教学创新团队，以西北大学地质学系 76 年来矿物岩石学领域的科学研究成果和优质教学资源积累为基础，密切结合当前国际地学发展趋势，努力统筹矿物岩石课程群不同阶段、不同课程的教学内容和计划，重新梳理优化课程群基础教学核心知识，实质性地形成了特色鲜明、国际接轨的基础-理论-前沿-探索"四层次"矿物岩石学课程群理论课程教学新体系，保证了教学内容的先进性，引领了矿物岩石学课程教学改革方向。

首创符合当代地质学发展趋势、含课程群实践教学全部核心知识、导航整个矿物岩石学基础实践教学知识地图的基础训练-能力提升-探索创新"三维度"矿物岩石课程群信息化实践教学新体系。这一创新性实践教学体系的建立，大大提升了我国矿物岩石学基础实践教学的国际化水平，加速了服务性开放资源建设，为实质性地提高我国地质学专业人才培养质量做出了开创性工作。

积极应对当前研究型大学普遍面临的教育国际化和信息化的趋势，以传统教学模式与当代信息化技术的深度融合为抓手，自主开发研制、创新性地建成了晶体三维结构 3D 可视化教学平台、全球典型矿物岩石信息库平台、虚拟偏光显微镜教学平台以及国际先进水平的显微数码互动实验教学平台等资源、互动、交流为一体的数字化信息化教学"四平台"。破解了晶体超微观结构不可见，教学内容抽象，学生理解困难的重大难题；开拓了学生国际化视野；实现了矿物岩石学基础实践技能训练随时随地常态化；全面实现了矿物岩石学实习实验师生之间、学生之间的全方位多点互动，信息交流与交换。为学生的自主学习、教师的教学研究、师生的资源服务提供了高水平、高效能的保障。

该项成果实质性地提高了本科人才培养质量，地质学专业成为西北大学唯一的"六星级"顶尖专业，在国家基金委 3 次基地评估中均被评为"全国优秀理科人才培养基地"，12 年来先后向中国科学院、北京大学、南京大学、中国科学技术大学、澳大利亚国立大学、香港大学等单位输送了大批本科毕业生，成为我国地质科学人才培养的重要基地之一。项目组编写的教材在国内产生较大影响，两部教材获陕西省优秀教材一等奖。会议、论文、教学研究成果影响深远，举办重要教学会议 5 个，在全国重要教学会议作特邀报告和大会报告 12 次，在《中国大学教学》等知名刊物发表教学研究论文 20 篇。学生近 5 年获得省部级以上奖励 167 人次。成果在校内发挥了良好的示范辐射作用，在地质教育界产生了广泛影响，获陕西省教学成果特等奖。

2. 构建地质学研究型人才培养新方案

我国传统地质学教育体制与发达国家存在差距，地质学人才国际竞争力不强，课程类型和内容陈旧，教法落后，注重知识灌输，忽视方法和能力培养，考核方式单一，人才培养方案已不能很好适应现代地学发展需求。赖绍聪及其教学团队充分利用地域优势和学科优势，注重共性和个性培养的关系，突出办学特色，将自身特色与学科发展相适应，与科研优势和地域优势相结合，不断探索实践，逐步建立了以现代地学理论为主导、新技术为手段，引导学生接触学科前沿的课程体系；构建了教学上循序渐进，内容上密切协调，地域上相互关联，特色鲜明的实践体系；创建了教学与研究相结合的氛围和基于研究探索的学习模式；形成了教师-研究生-本科生学术群体，逐步形成了科学完整的地质学研究型人才培养新方案。

新方案探索了符合当代地学发展形势，适应国际地学教育现状，彰显我国地学教育特色的研究型人才培养新思路；创建了不同类型课程的新模式；形成了融入科研优势和地域优势，特色鲜明的课程体系和实践体系；实现了"要我学"向"我要学"、"我愿学"和"我会学"的转变。实践中，在西部地方院校进校生源质量偏低的实际条件下，培养了一批杰出人才，全国地质学一级学科评估"人才培养"名列全国第二。该项成果获国家级教学成果奖二等奖。

3. 构建地质学实践教学新体系

赖绍聪及其教学团队经过 15 年的不断改革与创新，逐步构建了地质学实践教学新体系。实践教学新体系建设是实施复合型人才教育，为培养"基础扎实、知识面宽、能力强、素质高、具创新性"地球科学基础人才而实施的实践性教学改革。教学体系构建高起点、高标准，在统筹协调本科教育全过程的理论和实践教学基础上，完善了不同年级的野外实践教学和理论课程的课间实践教学环节，建设了以秦岭造山带和相邻地区为大陆地质实验园地的教学基地，实施了以学生为主体，以训练素质、培养能力、激发创新思维为目的的教学方式，实行了科学的、行之有效的教学管理，形成了有突出特色和创新性的实践教学体系，取得了良好的教学效果。研究成果得到验收专家组的高度评价，并在各地质院校中产生了积极的影响，为我国理科地质类创新型人才的培养起到了很好的示范作用和积极的推动作用。成果获国家级教学成果奖二等奖。

（三）自加压力，寻找地质科学发展之路

赖绍聪在 2006 年至 2015 年期间，担任西北大学地质学系主任，深知肩负责任的重大。他带领全系教职工，齐心协力团结奋斗。他秉承历届地质学系领导 70 多年形成的光荣传统，把师资队伍建设，特别是青年教师队伍建设当作头等大事来抓，组织实施了一系列有效措施，强化师资团队的建设。

他组织实施地质学科"十五""十一五""十二五""211 工程重点学科建设计划"并取得重大进展，西北大学地质学科进入国际 ESI 排名 Top 1% 行列。2000~2010 年西北大学的地学论文单引数位居国内地学单位第一；地质学系"国家理科人才培养基地"三次被评为全国优秀基地，地质学系被评为"全国教育系统先进单位"，地质学专业评为国家特色专业，实验教学中心获批为国家级实验教学示范中心，"地质学博士后流动站"和"地质资源与地质工程博士后流动站"均被评为"全国优秀博士后流动站"，先后有 6 篇博士学位论文入选"全国百篇优秀博士学位论文"。大幅度提高了西北大学地质学系人才培养质量，为西北大学地质学系教学建设工作做出了重要贡献。

赖绍聪常常说：人生最大的价值在于奉献，为国家奉献，为社会奉献，为人类奉献，在奉献中得到心灵的净化，在奉献中享受最快乐的人生。他一直在奉献，为地质学系这个集体奉献自己的青春和智慧，为地质学系所有学生奉献自己的知识和爱心。当自己的学生能够为祖国的地质事业奉献时，那是他作为教师最幸福的时刻。

代表性论著

1. Lai Shaocong, Qin Jiangfeng, Zhu Renzhi, Zhao Shaowei. 2015. Neoproterozoic quartz monzodiorite-granodiorite association from the Luding-Kangding area: Implications for the interpretation of anactive continental margin along the Yangtze Block (South China Block). Precambrian Research, 267: 196~208

2. Lai Shaocong, Qin Jiangfeng, Jahanzeb Khan. 2014. The carbonated source region of Cenozoic mafic and ultra-mafic lavas from western Qinling: Implications for eastern mantle extrusion in the northeastern margin of the Tibetan Plateau. Gondwana Research, 25: 1501~1516

3. Lai Shaocong, Qin Jiangfeng. 2013. Adakitic rocks derived from partial melting of subducted continental crust: evidence from the Eocene volcanic rocks in the northern Qiangtang block. Gondwana Research, 23: 812~824

4. Lai Shaocong, Qin Jiangfeng, Li Yongfei, Li Sanzhong, Santosh M. 2012. Permian high Ti/Y basalts from the eastern part of the Emeishan Large Igneous Province, southwestern China: Petrogenesis and tectonic implications. Journal of Asian Earth Sciences, 47: 216~230

5. Lai Shaocong, Qin Jiangfeng, Rodney Grapes. 2011. Petrochemistry of granulite xenoliths from the Cenozoic Qiangtang volcanic field, northern Tibetan plateau: Implications for lower crust composition and genesis of the volcanism. International Geology Review, 53 (8): 926~945

6. Lai Shaocong, Qin Jiangfeng, Chen Liang, Rodney Grapes. 2008. Geochemistry of ophiolites from the Mian-Lue suture zone: implications for the tectonic evolution of the Qinling orogen, central China. International Geology Review, 50 (7): 650~664

7. Lai Shaocong, Qin Jiangfeng, Li Yongfei. 2007. Partial melting of thickened Tibetan crust: geochemical evidence from Cenozoic adakitic volcanic rocks. International Geology Review, 49 (4): 357~373

8. Lai Shaocong, Liu Chiyang, Yi Haisheng. 2003. Geochemistry and Petrogenesis of Cenozoic Andesite-dacite Associations from the Hoh Xil Region, Tibetan Plateau. International Geology Review, 45 (11): 998~1019

9. 赖绍聪, 秦江峰. 2010. 南秦岭勉略缝合带蛇绿岩与火山岩. 北京: 科学出版社

10. 赖绍聪. 2008. 岩浆岩岩石学. 北京: 高等教育出版社

资料汇集

李四光地质科学奖章程

（李四光地质科学奖委员会八届一次委员会修订）

2015 年 7 月 20 日

第一章 总 则

第一条 为纪念我国著名的科学家、卓越的地质学家、教育家和社会活动家，我国现代地球科学的开拓者、新中国地质事业的主要奠基人李四光，继承发扬他"热爱祖国、追求真理、开拓创新、无私奉献"，积极从事野外、科研和教育实践，勇攀科学高峰的精神；激励广大地质科技工作者为社会主义现代化建设和科技进步多做贡献，特设立李四光地质科学奖。

第二条 李四光地质科学奖是面向全国地质科技工作者的、最高层次的地质科学奖，一人只能获得一次，并作为终身荣誉。

第三条 李四光地质科学奖共分四个奖项：李四光地质科学奖野外奖、李四光地质科学奖科研奖、李四光地质科学奖教师奖、李四光地质科学奖荣誉奖。

第四条 每次评选李四光地质科学奖野外奖，不多于 8 人；李四光地质科学奖科研奖，不多于 5 人；李四光地质科学奖教师奖，不多于 2 人。李四光地质科学奖荣誉奖授予两院院士，不受名额限制。

第五条 李四光地质科学奖每两年评选一次（每逢单数年评奖），届时由李四光地质科学奖委员会向全国地质工作各主管部门和有关单位发出评奖通知，并通过李四光地质科学奖基金会网站、新闻媒体及其他方式向社会公告。

第六条　李四光地质科学奖委员会，由地质工作各主管部门或单位推荐的代表组成，是李四光地质科学奖的最高议事决策机构。

第二章　评奖条件

第七条　凡是长期从事地质工作，热爱祖国、热爱地质事业、勤于实践、勇于创新、学风正派，为我国现代化建设做出突出贡献的地质科技工作者，可申请李四光地质科学奖。

第八条　申报条件

符合以下各奖项条件之一者，可申请李四光地质科学奖。

1. 李四光地质科学奖野外奖（简称"野外奖"）

（1）长期从事野外地质勘查工作，出色完成重大地质勘查任务，有重大新发现，并有显著经济或社会效益者；

（2）通过野外地质工作，总结提出地质新理论，或取得重要新认识，并具有重大影响者；

（3）通过野外地质工作，对国家和地区经济建设提出重要建议，并具有重大经济或社会效益者；

（4）创造性地组织和领导野外地质工作卓有成效者。

2. 李四光地质科学奖科研奖（简称"科研奖"）

（1）在地质科学技术学科或领域研究方面，有重要建树或发现，为丰富和发展学科或领域做出重要贡献者；

（2）在地质实验测试方面，有新的发明创造；在研发仪器设备方面，取得重要突破并推广应用；在发展新的技术和方法方面，取得重大进展并被实践验证者；

（3）通过科学研究，在地质调查、资源勘查与开发利用、矿山环境治理、生态环境保护、地质灾害防治、地质遗迹保护等方面，取得突出成果、提出重要建议或意见，并取得显著经济或社会效益者；

（4）在科研组织管理等方面，创造性开展工作并做出重要贡献者。

3. 李四光地质科学奖教师奖（简称"教师奖"）

（1）长期从事地质教学工作，为人师表，教书育人，成绩突出者；

（2）编写具有创新见解、高水平的教材，并得到广泛采用者；

（3）长期从事实验室教学，或研发教学仪器设备、相关软硬件取得重要成果者；

（4）在教书育人组织管理等方面创造性开展工作并做出重要贡献者。

4. 李四光地质科学奖荣誉奖（简称"荣誉奖"）

中国科学院院士、中国工程院院士经本人申请，由李四光地质科学奖委员会讨论通过，授予李四光地质科学奖荣誉奖。

第三章　申报和评选办法

第九条　申报程序：个人申请、专家推荐、单位提名、主管部门审核上报。

1. 个人申请：申请李四光地质科学奖，坚持自愿原则，申请人必须以第一人称亲自撰写《李四光地质科学奖申请书》一式三份，电子版一份，随附主要成果、获奖证明等各种材料一份，报送所在单位审核。

2. 专家推荐：由相关领域、不同单位的两位教授级专家推荐。每位专家每次最多只能推荐 2 人，推荐意见由推荐人撰写，注明单位及技术职称并签名。

3. 单位提名：凡具有独立法人资格的地质单位均可提名申请李四光地质科学奖。单位收到申请人的申请材料后，对申请材料要逐项进行核实，并提出客观的评价意见，报送各自主管部门。原则上每个单位提名一人。荣誉奖不受此限制。对从事地质工作的非地质单位人员申请李四光地质科学奖，须经所在的省、市、区国土资源厅审核，统一报送国土资源部。

4. 主管部门审核上报：根据单位提名，对被推荐人做出全面、客观、公正、实事求是的评价。推荐意见由主管部门领导签字，加盖公章后，报送李四光地质科学奖委员会办公室（简称"办公室"）。

5. 台湾以及港、澳特区的申请者，由相关领域、不同单位的两位教授级专家推荐，经单位或相关学术团体审核，申请材料可直接报送办公室参加评选。

第十条　评选办法：办公室登记、专家组初评、委员会终评。

1. 登记：办公室对收到的申报材料进行登记，并按通知要求逐项进行审核。对不符合要求的材料限期补充完善，逾期未补报者，视为放弃申请。

2. 初评：由委员会聘请相关专家，组成初评专家组，分野外奖、科研奖、教师奖三个组进行初评。各组按评奖规定的名额30%差额进行遴选，即野外奖11人、科研奖7人、教师奖3人。初评专家组要对初选者做出全面、客观、公正、实事求是的评价，并形成初评意见，填入申请书有关栏目，组长签字后报办公室。

3. 终评：李四光地质科学奖委员会负责终评，2/3以上委员出席有效。委员会听取专家组初评报告，审阅申报材料，酝酿讨论，投票表决，获到会委员2/3票者即可入选。

当各奖项出现空缺时，可对首次投票中获得半数票的申请者进行二次投票表决，获到会委员2/3票者即可入选。

4. 公示：对入选者在其任职单位和李四光地质科学奖基金会网站上公示10个工作日，无异议者当选；对有异议者，经调查核实后提请委员会复议。

第十一条　颁奖：时间、形式、奖金额度。

1. 颁奖时间：一般定在评奖年的10月26日（李四光诞辰

日）颁奖。如遇特殊情况，可适当改期举行。

2. 奖励形式：分别向李四光地质科学奖野外奖、李四光地质科学奖科研奖、李四光地质科学奖教师奖颁发获奖证书、奖章和奖金。李四光地质科学奖荣誉奖颁发证书和奖章。

3. 奖金额度：由李四光地质科学奖委员会确定。

第四章　组织管理

第十二条　李四光地质科学奖委员会由地质工作各主管部门或单位推荐的代表组成，下设李四光地质科学奖基金会、办公室。

1. 李四光地质科学奖委员会

（1）委员会是李四光地质科学奖的最高议事决策机构，每届任期四年，可连选连任；

（2）委员会由 19~21 人组成，委员由地质工作各主管部门或单位推荐；

（3）委员要积极参加委员会的各项活动，并客观、公正、公平、认真地做好评奖、颁奖及相关工作；

（4）委员会设主任一人、副主任若干人、秘书长一人，由委员会选举产生；

（5）委员会的工作重点是评奖、颁奖，并指导"李四光少年儿童科技奖"和"李四光优秀学生奖"等工作，以进一步弘扬李四光精神，积极推进地质工作和地质科学事业发展；

（6）委员会负责章程修改和奖金额度确定；

（7）委员会实行回避制度。当届委员会委员在任期间，不能申请李四光地质科学奖，也不能作为推荐专家。

2. 李四光地质科学奖基金会

（1）基金会在李四光地质科学奖委员会的领导下开展工作，负责筹集和管理李四光地质科学奖基金；

（2）基金会由 15~19 名理事组成理事会，理事每届任期四年，任期届满后可连选连任；

（3）理事由李四光地质科学奖委员会委员兼任；

（4）理事会依法行使《李四光地质科学奖基金会章程》规定的权利和义务；

（5）基金会设监事，由3人组成。监事由主要捐赠人、业务主管单位分别选派。李四光地质科学奖基金会理事不兼任监事；

（6）监事依照《李四光地质科学奖基金会章程》的规定检查基金会财务和会计资料，监督理事会遵守法律和章程；

（7）理事和监事均实行回避制度。在任期间，理事和监事不能申请李四光地质科学奖，也不能作为推荐专家。

3. 专家初评组

（1）组长由李四光地质科学奖委员会委员兼任，并聘任有关方面的专家5~7人组成；

（2）负责初评工作，按各奖项规定的名额进行差额评选，并向委员会提出初评报告。

4. 办公室

（1）办公室是委员会的办事机构，处理委员会的日常事务。负责评奖的组织协调，申报材料的登记审核、颁奖、编辑出版有关书刊及宣传等工作；

（2）承担委员会交办的其他工作；

（3）办公室由主任、副主任和专（兼）职工作人员组成。办公地点设在中国地质科学院，办公费用由基金利息及其他收益支付。

第五章　基金管理

第十三条　基金：来源、使用、管理。

1. 基金来源

（1）由国内地质工作各主管部门、单位集资；

（2）接受国内、外组织、企业和个人捐赠；

（3）投资收益；

（4）其他合法收入。

2. 基金使用

（1）评奖、颁奖活动及获奖者奖金；

（2）制作奖章、证书，出版书刊等费用；

（3）开展学术交流及其他与地质科学相关的公益活动；

（4）支持青少年科技奖及相关活动；

（5）基金会工作人员工资福利和行政办公等支出，但不得超过总支出的 10%。

3. 基金管理

（1）基金会根据《李四光地质科学奖基金会章程》进行基金管理；

（2）基金的使用要保本增值；

（3）基金会每两年向委员会报告一次基金收支情况供审议。

第六章　附　则

第十四条　本"章程"的修改、解释权属李四光地质科学奖委员会；本"章程"若与国家法律、法规和政策相抵触时，以国家法律、法规和政策为准。

李四光地质科学奖第七届委员会暨李四光地质科学奖基金会第二届理事会工作总结

张洪涛理事长

各位委员、理事和监事：

　　李四光地质科学奖第七届委员会暨李四光地质科学奖基金会第二届理事会，即将任期届满，现将任期内的工作报告如下，请审议。

　　本届任职期间，严格按照李四光地质科学奖章程和李四光地质科学奖基金会章程的相关规定（简称"章程"），积极履行"章程"所赋予的权利和义务，不断探索管理模式，积极推动自身发展，委员会先后召开了4次全委会议，基金会先后召开了8次理事会议，研究、落实、推动各项工作；积极、圆满地完成了第十二次和第十三次李四光地质科学奖的评奖和颁奖活动；大力弘扬李四光精神和学术思想；持续支持"李四光优秀学生奖"、"李四光少年儿童科技奖"等公益类活动；不断创新管理模式，推动工作，经过4年的不懈努力，在有关部门的大力支持下，在各位委员、理事、监事的共同努力下，李四光地质科学奖的社会影响和自身发展取得了长足发展。

一、完成了两次李四光地质科学奖评颁奖活动

　　开展了2011年第十二次和2013年第十三次李四光地质科学奖申报、遴选、评审和终审等评奖活动，并举办了颁奖大会。

　　第十二次李四光地质科学奖共评选出15位获奖者，其中野外奖8位，科研奖5位，教师奖2位。颁奖大会于2012年6

月 20 日在北京召开，时任国土资源部部长、李四光地质科学奖委员会主任徐绍史，副部长徐德明、汪民、张少农、胡存智，总工程师钟自然出席会议并为获奖人员颁奖。会上，徐绍史部长做重要讲话，勉励大家继续努力，不断弘扬李四光精神，为我国地质事业多做贡献。此次颁奖大会与第五届黄汲清青年地质科技奖、第三次李四光优秀学生奖和国土资源部 2011 年度国家科技进步奖特等奖以及 2011 年度国土资源科学技术奖表彰大会联合举行，在全国共设分会场 77 个，近万余人观看收听了大会盛况。

第十三次李四光地质科学奖共评选出 14 名获奖者，其中野外奖 8 位，科研奖 4 位，教师奖 2 位。颁奖大会于 2014 年 1 月 13 日在北京召开。13 日上午，中共中央政治局常委、国务院副总理张高丽在中南海亲切接见了获奖者，并与获奖者座谈，获奖代表夏庆龙、殷跃平、颜丹平分别做了发言。张高丽副总理在听取 3 位代表发言后发表了重要讲话，他充分肯定了地质科技工作者对国家做出的重要贡献，强调地质科技工作者要大力发扬李四光精神，坚持改革创新，推动地质科技工作迈上新台阶。会后张高丽副总理与获奖者合影留念，这充分体现了党和国家对地质工作的高度重视和对地质工作者的亲切关怀。13 日下午，颁奖大会在北京山水宾馆举行，国土资源部部长、李四光地质科学奖委员会主任姜大明，副部长张少农，李四光地质科学奖委员会副主任寿嘉华、蔡希源，中国科学院党组副书记方新等出席会议并为获奖者颁奖。会上获奖代表夏庆龙、殷跃平、颜丹平分别又做了发言。姜大明部长做了重要讲话，他强调，要大力弘扬李四光精神，加快推进地质科技进步，为新时期经济社会发展和生态文明建设做出新的更大贡献。

二、深入开展弘扬李四光精神系列活动

为弘扬李四光的求实创新科学精神和爱国主义精神，李四光

地质科学奖委员会和基金会精心谋划，积极组织，在业务主管部门国土资源部的领导下，在各有关单位的大力支持下，组织开展了一系列主题鲜明的宣传活动。

（一）弘扬李四光精神，宣传李四光学术思想

一是出资 10 万元出版由已故地质学家高庆华编写的《应用地质力学理论和方法进行找矿实践》。全书以地球系统科学思想为指导，提出了创新发展地质力学的地质系统整体观，对指导地质找矿、预测自然灾害起到积极推动作用。

二是编辑出版了《第十二次李四光地质科学奖获奖者主要科学技术成就与贡献》。全书汇集了第十二次李四光地质科学奖 15 位获奖者的主要学术成就与贡献，对宣传获奖者事迹，弘扬李四光精神，扩大李四光地质科学奖的影响，激励广大地质工作者热爱地质事业，在全社会营造崇尚科学、追求真理的良好气氛起到了积极作用。

三是出资 50 万元资助电视文献片《李四光》的拍摄工作。利用文化传媒等载体，将采集的珍贵音像、实物及文字等资料编辑成电视片，生动、鲜活地宣传李四光先生的光辉事迹和崇高精神，从而进一步激励广大地质工作者积极投身地质事业。

四是联合中化地质矿山总局，面向全国地质勘查单位，举办"地质力学与深部找矿预测方法培训班。"培训班全面分析了当前全球深部找矿的现状，系统阐述了地质力学理论在深部找矿预测中的应用，为野外生产第一线的地质工作者就成矿规律、成矿预测、矿田构造、深部找矿技术方法等方面进行了深入的分析和讲解。培训班的成功举办为基金会不断发挥桥梁纽带作用，进一步宣传李四光学术思想、助力找矿突破提供了有效途径。

（二）支持李四光纪念馆的建设工作和李四光研究会筹建工作

一是支持黄冈李四光纪念馆修缮和相关研究工作。湖北黄冈李四光纪念馆是弘扬李四光精神和科普教育的重要基地，先后被

湖北省政府、中国科协、中国地震局命名为"爱国主义教育基地"、"爱国主义教育示范基地"、"全国科普教育基地"、"全国防震减灾科普教育基地"。基金会出资 30 万元，支持李四光纪念馆改扩建工作；同时，为了促进对李四光爱国主义精神的深入研究，资助了湖北省李四光研究会 8 万元，用于研究"李四光与辛亥革命"。

二是支持李四光研究会的筹建工作。李四光研究会以宣传李四光思想为核心，以弘扬李四光精神为主要任务，已先后开展多期学术研讨活动，努力推进地质科学的发展。为了支持研究会的筹备工作，基金会积极配合、努力协调，在沟通、申请等方面做了大量工作。由于各种原因，研究会未获批准，但基金会将继续支持李四光研究会开展弘扬李四光精神、宣传李四光学术思想研究活动，并积极创造条件继续申请。

三、投身公益，大力支持青少年科普活动

李四光地质科学奖委员会长期秉承"弘扬精神、推动科技、服务社会、支持青年"的发展宗旨，在自身发展的同时，大力引导优秀青年地质人才脱颖而出，积极推动青少年学习地学知识、保护自然资源，在青少年群体中开展了一系列科普公益类活动，取得了积极反响。

一是全额资助李四光优秀学生奖。为激励广大青年学生继承和发扬李四光精神，积极投身地质事业，李四光地质科学奖基金会全额支持由教育部牵头、北京大学地球与空间科学学院、中国地质大学等单位共同发起并设立的"李四光优秀学生奖"。2011年至今，已累计资助 125 万元，共授予李四光优秀学生奖 68 人，其中李四光优秀博士研究生奖 26 人、硕士研究生奖 23 人、大学生奖 19 人。李四光优秀学生奖已成为当代青年地质学子的一面旗帜，激励着青年人在探索地球奥秘、创新地质科技工作的道路上不断勇攀高峰、锐意进取、求真务实、报效祖国。

二是长期支持李四光少年儿童奖。该奖项由国土资源部牵头，联合环保部、教育部、共青团中央和全国少工委，在全国少年儿童中开展"节约资源、保护环境，做保护地球小主人"活动，至今已连续评选3届。2012年，经委员会研究决定，加大对儿童奖的支持力度，在原有基础上，再出资15万元，共计30万元（每颁奖年度）。目前，已累计资助55万元，累计征集作品近千件，评选出优秀作品近百件。这项活动已成为培养少年儿童从小学科学、爱科学，立志报效祖国的重要渠道，也是国土资源部在少年儿童中宣传地球科学、保护矿产资源的重要平台之一。

四、加强自身建设，积极探索发展新模式

为进一步加强自身建设，促进基金会运转的高效化、规范化、科学化，不断发挥社团桥梁、纽带作用。李四光地质科学奖委员会、基金会在社会各界的大力协助下，不断探索创新，在管理机关、建章立制、创新模式等方面开展了大量工作，取得了显著成绩。

一是完善了基金会的管理机构。为了适应基金会的管理和基金运作的需要，经委员会和理事会审议同意，设立了基金会秘书处和基金部，并明确了其职责任务，聘任了相关人员。机构和人员的调整，为基金会正常运转提供了有力的组织保障。

二是加强了制度建设。为完善基金会的管理，保障基金会正常高效运转，李四光地质科学奖委员会办公室在调研的基础上起草和修订了李四光地质科学奖基金会工作规则、公文处理办法、证章管理办法、重大事项报告制度、财务管理办法、资助项目管理办法等6项规章制度，并经李四光地质科学奖基金会第二届理事会第二次会议审议通过，印发执行。制度结合了基金会的特点和实际工作需要，进一步规范了基金会的各项工作程序。

三是创新模式，破解难题。为满足《基金会管理条例》中

年公益支出 8% 的要求，解决非颁奖年度公益性支出偏低问题，在深入调研并报经理事会研究批准后，设立基金会专项奖，如：中国地质科学院新华联科技奖专项奖，此举大大提高了李四光地质科学奖基金会在非颁奖年的公益支出比例，实现非颁奖年份年检合格（民政部），并自 2011 年已连续 3 年年检合格，对提升基金会社会影响，做好社会评估、税收减免等工作发挥了积极作用。

四是积极探索资本运作模式。为保障资金的稳定和可持续发展，基金会积极拓宽投融资渠道，面向资本市场，主动出击，与上海高能资本和陕西延长石油就募、融资进行了积极探索。

五、财务管理

李四光地质科学奖基金会资金主要来源于企（事）业单位、法人社团以及个人集资，根据基金成立时的最初约定，基金会无论是公益性活动还是日常开支均不得动用本金，只能通过本金的孳息及收益开展活动。

2007 年，李四光地质科学奖基金会在民政部正式登记，成为具有独立法人资格的基金会，为基金会的筹资、投资活动拓展了空间，同时也为资金的使用带来了诸多限制，其中最大的限制就是：基金会的年度支出不能少于上年结余资金的 8%。2010 年年末，基金会的本金已达到 3077 万元，累计净结余 3211.94 万元，这就意味着，在不动用本金的前提下，基金会年度支出不能低于 256.96 万元，同时为达到收支平衡，基金会的年度创收也必须接近这个数字。从近 4 年的财务收支状况可以看出，我们是达到要求的，对此，基金会的工作人员做了不懈的努力。

截至 2014 年 12 月，李四光地质科技奖基金会财务资产状况：

（1）资产总额 3430.78 万元，其中：货币资金 50.78 万元，占资产总额 1.48%；一般基金 980.00 万元，占资产总额 28.57%；信托投资 2400.00 万元，占资产总额 69.95%。

（2）负债总额 305.33 万元，其中：预提费用 284.43 万元。

（3）净资产总额 3125.45 万元，其中：本金 3077.00 万元，累计收支结余 48.45 万元。

收支结构分析 2011 年至 2014 年累计收入 1242.14 万元，年均收入 310.54 万元；累计支出 1228.64 万元，年均支出 307.16 万元。收支基本持平略有盈余，同时也达到了民政部的年度支出要求。

从近 4 年收入情况来看，投资收益是基金会收入的主要来源，而信托投资收益又占到投资收益的 92.35%。财务数据显示，近 4 年信托投资的获利基本上保持在 9%～11%。

2012 年至 2014 年累计支出 1228.64 万元，其中：管理费用仅占 1.80%，远远低于民政部 7% 的限额；业务活动支出占 94.76%，其中：李四光地质科学奖（两年一次）颁奖活动支出占 43.37%，其他公益活动 45.50%，其余是与评奖、颁奖活动有关的支出。其他支出占 3.44%，为税金及冲抵的以前年度坏账。由于基金会收入中信托投资收益的比重较大，且收益基本在 9%～11%，高收益伴随着的是高风险，且受降息等因素影响，信托投资的收益存在很大的不确定性，建议适当降低信托投资比例，寻求新的投资、筹资渠道。

目前基金会基本可达到收支平衡，如降低收入预期，应适当考虑压缩开支，可将年度开支控制在民政部规定的标准之内，再根据收入的增长状况安排新的支出。

六、加强信息化建设，拓宽网络宣传途径

基金会完成了李四光地质科学奖基金会网络域名的申请注册和开通使用等相关工作。将历届李四光地质科学奖获得者主要贡献，图文并茂地呈现在网络上，从而激励更广大的中青年地质工作者踏实肯干、不断创新，为祖国建设和社会的可持续发展多做贡献。

4 年来李四光地质科学奖委员会、基金会在弘扬李四光求实创新的科学精神、促进地质科学技术交流、培养地质科技人才等方面做了大胆的尝试和探索，在基金会建设、规范管理、基金的运作等方面做出了努力。希望在下一届委员会、基金会领导下取得更大成绩。

　　借此机会向各位委员、理事、监事，各理事单位给予工作上的支持与帮助表示衷心感谢。

李四光地质科学奖基金会（委员会）
2015 年工作总结

2015 年是李四光地质科学奖颁奖年。一年来，李四光地质科学奖委员会和李四光地质科学奖基金会（以下分别简称为"委员会"和"基金会"）不断加强自身建设、努力发挥基金会桥梁纽带作用，把做好"委员会"、"基金会"换届和第十四次李四光地质科学奖评奖颁奖作为中心工作，认真开展以弘扬李四光精神为主题的各项活动，继续探索管理模式，在各位委员、理事、监事和秘书处全体人员的共同努力下，圆满完成本年度各项工作任务。现向各位委员、理事、监事报告工作，请审议。

一、认真履行职责，工作开展顺利

（一）完成 4 年一次的换届工作

根据"章程"规定，李四光地质科学奖委员会和理事会每届任期 4 年。到 2015 年 3 月，第七届委员会和第二届理事会任期届满。在充分酝酿和反复征求各理事单位意见的基础上，2015 年 5 月 11 日，李四光地质科学奖第八届委员会暨李四光地质科学奖基金会第三届理事会第一次会议顺利履行了换届程序，选举产生了新一届领导机构。第八届委员会由主任姜大明，副主任丁仲礼、张洪涛、马永生、杜金虎，秘书长王小烈等 21 位委员组成，第三届理事会由理事长张洪涛，副理事长马永生、杜金虎，秘书长王小烈等 17 位理事组成，监事由胡炳军等 3 人组成。会议印发了《关于李四光地质科学奖第八届委员会组成人员的决定》和《关于李四光地质科学奖基金会第三届理事会组成人员的决定》；秘书处根据"章程"规定完成了换届的有关工作，按时限向民政部报送理事会换届备案材料（备案工作正在按程序履行相关手续）。

（二）修改《李四光地质科学奖章程》

为紧密结合地质工作的新形势和新要求，秘书处根据委员们提出的相关建议，起草了"章程"修改稿，并多次征求委员、理事、监事的意见。2015 年 6 月 19 日，经第八届委员会暨基金会第三届理事会第二次会议讨论、审议通过了"章程"修改稿。并在第十四次李四光地质科学奖评奖工作中开始使用。

二、圆满完成第十四次李四光地质科学奖评奖颁奖活动

李四光地质科学奖自 1989 年创办以来，一直受到党和国家领导人的高度重视，得到广大地质工作者的关注和支持，在社会各界产生很大影响。因此，委员会和基金会把第十四次李四光地质科学奖评奖颁奖活动作为 2015 年重点工作认真推动和落实。在各理事单位和各位领导大力支持下，经过一年共同努力，圆满完成了第十四次李四光地质科学奖的评奖颁奖各项工作。

（一）申报工作

李四光地质科学奖委员会（基金会）于 2015 年 1 月 13 日发出"关于做好第十四次李四光地质科学奖申报工作的通知"，同时在网络平台上公布申报信息，各部门均按要求将通知转发到所属基层单位，并要求各部门的推荐材料于 4 月 30 日前报到秘书处。申报工作在有关部门、单位的大力支持下，进展顺利。经本人申请、单位审核、部门遴选，共有来自国土资源部、教育部、中科院、中石油、中石化、中海油、煤炭、冶金、核工业系统等 9 个部门 40 人申报本次李四光地质科学奖，其中申报野外奖 19 人、科研奖 16 人、教师奖 5 人。

（二）评奖工作及异议处理

2015 年 8 月 5~6 日，理事会组织召开了第十四次李四光地质科学奖专家初评会，根据"章程"共邀请了 19 位不同学科、

领域、部门的院士、专家，分 3 组对 40 位申报人材料进行了初评，经专家认真审阅、评估，共遴选出 21 位申报者推荐给委员会，其中野外奖推荐 11 人、科研奖推荐 7 人、教师奖推荐 3 人。9 月 25~26 日，经委员会八届三次会议暨基金会三届三次会议，终评决定，评选出 14 名获奖者，其中野外奖 8 人、科研奖 4 人、教师奖 2 人，并将获奖者情况在所在单位、网站等进行公示。

公示期间，中国地质调查局成都地质调查中心 4 名研究员对潘桂棠获李四光地质科学奖科研奖提出书面署名质疑。基金会高度重视，先后多次召开会议研究处理意见，广泛征求部分院士、领导意见，并派出由王泽九研究员带队的调查组，实地核对有关情况，调查认为：潘桂棠研究员长期在青藏高原艰苦的条件下从事地质工作，工作成绩突出，所指异议不影响潘桂棠同志申报李四光地质科学奖，经委员会复议和与会委员无记名投票，同意潘桂棠同志获李四光地质科学奖。

（三）颁奖工作

2015 年 12 月 26 日，全国国土资源管理系统先进集体和先进工作者表彰暨第十四次李四光地质科学奖颁奖大会在人民大会堂隆重召开，国土资源部党组书记、部长、国家土地总督察姜大明等部领导出席会议，会前国土资源部、人力资源和社会保障部领导亲切会见获奖者并合影留念。颁奖大会由国土资源部副部长张德霖主持会议，副部长库热西传达了张高丽副总理对李四光地质科学奖获奖者的贺信，李四光地质科学奖委员会副主任马永生院士宣读《关于颁发第十四次李四光地质科学奖的决定》，与会领导为获奖者颁发获奖证书，山东省地质调查院王来明代表获奖者发言。最后，姜大明部长做了重要讲话，他强调，要在传承李四光精神、推动科技创新上抓机遇、求突破，充分发挥科技创新对国土资源改革发展的引领作用，实现国土资源科学技术重点领域新突破。

出席颁奖大会的有各理事单位负责同志，国土资源部有关司局、中国地质调查局及其他有关单位负责同志，以及有关学会、中国地质调查局及部其他直属单位部分干部职工共 700 余人。"中国国土资源报"等新闻媒体对颁奖大会进行了专题报道。

三、开展弘扬李四光精神活动

（一）基金会秘书处编辑出版了《第十三次李四光地质科学奖获奖者主要科学技术成就与贡献》

全书汇集了第十三次李四光地质科学奖 14 位获奖者的主要学术成就与贡献，对宣传获奖者事迹、弘扬李四光精神、扩大李四光地质科学奖的影响、激励广大地质工作者热爱地质事业、在全社会营造崇尚科学、追求真理的良好气氛起到了积极作用。

（二）继续资助李四光优秀学生奖和少年儿童科技奖

基金会已连续 6 年，每年出资 30 万元资助李四光优秀学生奖。2015 年李四光优秀学生奖颁奖仪式在中国地质大学（北京）召开，理事长张洪涛、秘书长王小烈应邀出席了会议，并为优秀学生颁奖。本次学生奖共评选出 14 人，其中：优秀博士研究生奖 4 人、优秀硕士研究生奖 5 人、优秀大学生奖 5 人。

李四光少年儿童科技奖每两年评选一次，已进行了两届成果评审及颁奖，基金会资助活动经费由每届 15 万元增加到 30 万元（每年资助 15 万元）。

（三）积极支持李四光学术思想研讨活动

基金会继续支持开展李四光学术思想研讨活动，弘扬李四光精神。2015 年 10 月，李四光学术思想研讨会暨李四光纪念馆开馆仪式在北京召开，国土资源部部长姜大明主任出席会议并对会议召开表示热烈祝贺，共有行业内 28 家单位，150 余名专家学者参加了研讨会，基金会参与并资助 10 万元。

11 月 27~30 日，第五期地质力学进修班在湖北秭归举办。进修班由地质力学研究所、中国地质大学（武汉）、李四光地质科学奖基金会和贵州省地矿局联合举办。来自全国地勘单位和行业部门的科研专家和业务骨干近 40 人参加了培训研讨。进修班围绕"能源和矿产资源"的主题，重点学习研讨了地质力学的基本理论、区域构造解析、地质力学的工作方法与步骤、地质力学的新进展等内容。会后参会人员赴贵州铜仁进行了野外考察，基金会给予经费资助 10 万元。

四、基金会财务管理

规范财务管理，保障基金会合理运转，2015 年度基金会公益事业支出共计 338.33 万元，占上一年资产余额 10.83%；工作人员工资福利和行政办公支出 16.36 万元，占本年支出总额的 4.84%，圆满完成 2015 年度财务收支计划。

（一）财务管理情况

一是，2015 年 3 月，按照民政部要求，委托"亚太会计师事务所"对李四光地质科学奖基金会进行了 2014 年财务审计，审计报告认为李四光地质科学奖基金会严格执行《民间非营利组织会计制度》，财务管理规范，手续完善，未发生违纪违规事项。

二是，根据国家对基金会税收有关政策和李四光地质科学奖基金会经费收支情况，办理了税收减免和 2013 年企业所得税退税手续，退税 2 万余元。

（二）基金运作情况

2015 年基金投资运作延续上一年度运作方式，根据资本市场变化趋势，抓住了 8、9 月份有利时期，对持有的开放式基金（获益较高的）进行了赎回，减少了持有份额；加大了信托产品投资力度，降低了投资风险，提高了资金使用效率。全年获得投资收益 762.21 万元，超额完成预期目标，为李四光地质科学奖基金会开展各项活动提供了经费保证。

（三）存在问题

当前经济下行压力较大，二级市场低迷，银行存款利率频频下调，受此影响信托固定收益类产品收益普遍降低两个百分点以上，甄选优质、稳健、可持续的金融产品难度加大，不确定因素较多，如何掌控风险，获取投资收益最大化，是基金会面临的最大挑战。

2016年基金会资金管理面临收支两大难题：一是长期以来，基金会投融资渠道单一，缺少实体经济作为支撑，可持续增长预期难以保证。可否进行股权类产品投资或科技成果转化类项目，请理事们建言献策，提供可行性方案，拓宽投融资渠道，探索稳定收入模式。二是2016年为基金会非颁奖年，支出减少（210万元），若要达到公益支出8%的比例（约300万元）的目标难以实现。下一步，要研究加大公益支出，资助或开展具有社会效益的项目和活动，在确保可持续发展的基础上，不断提升社会影响力。

五、2016年主要工作安排及经费收支预算

（一）2016年主要工作

2016年是李四光地质科学奖非颁奖年，主要工作安排如下：

（1）筹办好每年两次理事会会议。按照民政部对基金会的要求，每年至少召开两次基金会的理事会会议，根据本年度工作任务，第一次理事会会议拟于3月召开，审议2015年工作总结报告，研究部署2016年工作安排，审核2016年度经费预算；第二次理事会会议拟于10月中旬召开，通报2016年有关工作进展，研究讨论有关事项。

（2）履行基金会年检。按民政部要求，做好2015年基金会年检与财务审计工作，3月31日前完成年检材料填报、财务审计、经国土资源部初审后报民政部办理相关手续。

（3）编辑出版第十四次获奖者专辑。做好《第十四次李四光地质科学奖获奖者主要科学技术成就与贡献》一书的材料收集、编辑出版工作，进一步扩大李四光奖的社会影响力。

（4）编印李四光地质科学奖基金会宣传册。李四光地质科学奖已设立27年，颁奖14次，为进一步扩大宣传，让更多公众了解，拟将李四光精神、李四光地质科学奖宗旨、基金会情况编写成宣传册。

（5）完成基金会第二次社会评估工作。该项工作应在2015年度完成，因理事会换届、办理备案手续，第十四次李四光地质科学奖评选、颁奖等因素，未及时参与，2016年将按要求完成李四光地质科学奖基金会的社会评估工作。

（6）做好项目评估资助工作。一是按年度完成"李四光优秀学生奖"、"李四光少年儿童科技奖"、"新华联科技奖"、"李四光学术思想研究会"的资助工作。二是按照基金会要广泛开展公益活动的要求，在经费允许的情况下，积极参与社会公益活动，举办具有社会影响力的学术会议，或结合中央精准脱贫精神要求，在调研、协商与评估的基础上，资助建设或共建以李四光冠名的实体公益项目。

（7）拓宽融资渠道。加强风险防范意识，提高基金管理水平，以收定支，继续做好基金投融资工作，确保资产保本增值可持续发展。

（二）2016年经费收支预算

根据2015年投资计划安排，2016年预计投资收益收入为300万元。按照《李四光地质科学奖章程》规定，基金要保本增值，坚持以收定支的原则，2016年经费预计支出应在300万元以内，管理费9.5万元、业务活动费232万元、其他支出21.5万元，详见"李四光地质科学奖基金会2016年收支预算表"。

各位委员、理事、监事，同志们，基金会2015年各项工作进展顺利，完成了年度目标任务，取得了可喜成绩，这是各理事单位、各级领导关心支持的结果，是大家共同努力的结晶，在此对各理事单位和理事、监事表示衷心的感谢!

　　2016 年是"十三五"的开局之年,是国家全面实施创新驱动发展的关键之年,基金会要进一步理清工作思路,找准工作定位,在弘扬李四光精神、宣传李四光学术思想上下功夫,不断发挥基金会社会服务功能,积极引导地质工作者献身地质事业,希望各理事单位和理事、监事继续支持基金会的各项工作,团结一致,开拓创新,全面完成 2016 年理事会的目标任务,不断推进基金会持续、健康发展。

　　谢谢大家。

2016 年 3 月 18 日

李四光地质科学奖第八届委员会暨李四光地质科学奖基金会第三届理事会第一次会议纪要

李四光地质科学奖基金会秘书处

2015 年 5 月 19 日

时　　间：2015 年 5 月 11 日下午 14：30
地　　点：国土资源部机关 B103 会议室
主 持 人：姜大明
出席人员：姜大明　张洪涛　马永生　杜金虎（郭英代）
　　　　　王小烈　万　力　龙长兴　卢建波（张文钊代）
　　　　　田震远　朱伟林（钟锴代）　杨　兵（王寿成代）
　　　　　张金带　张培震（尹功明代）　胡善亭（孙升林代）
　　　　　姜建军　姜树叶　琚宜太　潘　懋　周少平
　　　　　胡炳军（郭英代）　郑和荣（张俊代）
列席人员：马秀兰　胡光晓　王　红　尚　新　张海飞
记　　录：王　博
会议议题：1. 审议第七届委员会和第二届理事会工作总结
　　　　　2. 表决第八届委员会和第三届理事会组织机构
　　　　　　和人员名单
　　　　　3. 审议第八届委员会和第三届理事会 2015 年度
　　　　　　工作要点
　　　　　4. 审议有关事项

会议纪要

一、审议李四光地质科学奖第七届委员会（以下简称"委员会"）和李四光地质科学奖基金会第二届理事会（以下简称"理事会"）工作总结。

会议审议通过了张洪涛副主任、理事长所作的关于第七届委员会暨第二届理事会的工作总结。4 年来，李四光地质科学奖委员会和理事会共完成了两次李四光地质科学奖评奖颁奖活动，深入开展了形式多样的弘扬李四光精神的系列活动，大力支持青少年科普工作，不断加强自身建设、积极探索发展新模式，基金管理水平得到了提升，信息化建设进一步加强。会议认为工作总结高度概括，重点突出，客观务实，李四光地质科学奖平台作用得到了充分发挥。

二、听取了王小烈秘书长关于李四光地质科学奖第八届委员会和李四光地质科学奖基金会第三届理事会换届的说明，表决通过了新一届委员会和理事会组成人员（名单附后）。

三、审议了李四光地质科学奖委员会和理事会 2015 年度工作要点。会议听取了王小烈秘书长做的关于委员会和理事会 2015 年度工作要点的发言。会议认为，2015 年工作要点部署思路清晰，措施切实可行。会议原则通过 2015 年工作要点。

四、审议有关事项

1. 建议对《李四光地质科学奖章程》进行修订。由李四光地质科学奖委员会办公室起草"章程"修改稿，并征求委员、理事、监事的意见，适时召开一次委员会和理事会会议，讨论修改"章程"。

2. 确定第十四次李四光地质科学奖终评会由有色金属矿产地质调查中心承办。

3. 建议第十四次李四光地质科学奖颁奖活动邀请中央领导出席，并与李四光纪念馆开馆仪式结合起来，进一步扩大社会影响。由李四光地质科学奖委员会办公室会同国土资源部有关部门抓紧做好相关工作。

最后，国土资源部部长、李四光地质科学奖委员会主任、李四光地质科学奖基金会名誉理事长姜大明做重要讲话。他首先肯定了李四光地质科学奖第七届委员会和第二届基金会在有关部门的大力支持下，做了大量卓有成效的工作，对上一届委员会和理事会成员的辛勤努力表示感谢。结合当前国家创新驱动发展战略的要求和地质行业发展的新形势，对新一届委员会和理事会在发挥李四光地质科学奖平台作用，在推动地质找矿、加强人才培养、开展科学普及、强化基金管理等方面提出殷切希望，同时要求李四光地质科学奖委员会办公室加强自身建设，认真做好各项工作，发挥社会团体纽带作用。

主送：各理事单位，各位委员、理事、监事。

抄送：国土资源部人事司、科技与国际合作司、民政部民间组织管理局。

李四光地质科学奖委员会八届三次会议
暨基金会第三届理事会
第三次会议纪要

李四光地质科学奖基金会秘书处

2015 年 9 月 30 日

时　　间：2015 年 9 月 25-26 日
地　　点：北京会议中心会议楼第 21 会议室
主 持 人：姜大明
出席人（理事）：张洪涛　丁仲礼　马永生　杜金虎　王小烈
　　　　　　　　万　力　龙长兴　周少平　田震远　朱伟林
　　　　　　　　杨　兵　吴珍汉　张培震　胡善亭　琚宜太
　　　　　　　　潘　懋　姜树叶
出席监事：刘　旭
列席人员：王泽九　马秀兰　胡光晓　尚　新　王　博
记 录 人：王　博
会议议题：1. 王小烈秘书长汇报第 14 次李四光地质科学奖
　　　　　　　申报及分组初评情况；
　　　　　2. 学习《李四光地质科学奖章程》；
　　　　　3. 野外奖、科研奖、教师奖初评专家组组长汇
　　　　　　　报各组初评意见；
　　　　　4. 王小烈秘书长通报 2014 年基金会年检情况；
　　　　　5. 观看《李四光》文献电视片；
　　　　　6. 评选第 14 次李四光地质科学奖获奖者人选；
　　　　　7. 讨论决定第 14 次李四光地质科学奖奖金额度；
　　　　　8. 通过第 14 次李四光地质科学奖颁奖决定；
　　　　　9. 研究第 14 次李四光地质科学奖颁奖活动方案。

会议纪要

李四光地质科学奖委员会八届三次会议暨基金会第三届理事会第三次会议听取了王小烈秘书长汇报第 14 次李四光地质科学奖申报及分组初评情况；野外奖、科研奖、教师奖初评专家组组长分别汇报了各组初评意见；听取了 2014 年基金会年检情况；评选了第 14 次李四光地质科学奖获奖者人选；讨论决定第 14 次李四光地质科学奖奖金额度；通过了第 14 次李四光地质科学奖颁奖决定；研究了第 14 次李四光地质科学奖颁奖活动方案的有关事宜，姜大明主任做了会议总结。纪要如下：

一、听取了第 14 次李四光地质科学奖申报及分组初评情况。本次李四光地质科学奖共收到申报材料 40 份，经专家组初评，共遴选候选人 21 位。

二、学习了《李四光地质科学奖章程》；

三、听取了野外奖、科研奖、教师奖初评意见。野外奖、科研奖和教师奖三个专家初评组组长，分别汇报了各奖项初选者情况。

四、听取了 2014 年基金会年检报告。会议认为，基金会近四年来的工作成效突出，希望各理事单位，积极与基金会开展项目合作，增加公益支出比例，逐渐形成长效机制。

五、观看了由基金会资助拍摄的《李四光》文献电视片，并对文献片提出了修改意见。

六、评选第 14 次李四光地质科学奖获奖者人选。经全体委员、理事投票，评选出第 14 次李四光地质科学奖获奖者 14 人，野外奖：付锁堂、王来明、王振峰、郝蜀民、燕长海、刘鸿飞、范立民、潘彤等 8 人；科研奖：沈树忠、潘桂棠、侯增谦、蒋少涌等 4 人；教师奖：彭建兵、赖绍聪等 2 人。

七、研究决定第 14 次李四光地质科学奖奖金额度。会议认为，基金投资运作已进入良性循环，基金会已具备一定的造血能力，可以适度增加获奖者的奖金额度、提高公益支出比例。一是决定自本次起，将获奖者奖金额度提高至每人 15 万元。二是适当增加李四光少年儿童奖的奖金比例，旨在扩大奖项的评比范围，涵盖到初、高中学生。

八、确定了第 14 次李四光地质科学奖颁奖决定。

九、讨论第 14 次李四光地质科学奖颁奖活动方案。会议讨论决定，争取第一方案，邀请国家领导人出席颁奖活动；确保第二方案，在国土资源部科技创新大会上为本次李四光地质科学奖获奖者颁奖。

最后，姜大明主任做总结讲话，他首先对获得本次李四光奖的 14 位获奖者表示祝贺，希望广大地质工作者以他们为榜样，继承和发扬李四光精神，在实现地质找矿重大突破的伟大实践中建功立业。

姜大明主任强调，当前，地质工作要适应和引领新常态，更好地服务经济社会发展。一是推动地质找矿战略突破行动，为国家资源安全提供保障；二是加强生态文明建设，拓展地质工作服务领域；三是落实国家创新驱动战略，以科技创新引领地质工作向更高水平发展。

他最后说，希望基金会和委员会加强自身建设，继续做好李四光地质科学奖的各项工作；充分利用好基金会的平台，开展形式多样的公益活动。要求办公室会同部有关司局做好第 14 次李四光地质科学奖颁奖大会的相关筹备工作。

主送：各位理事、监事，各理事单位、民政部门民间组织管理局。

抄报：国土资源部人事司、科技与国际合作司，国家科技奖励办公室。

李四光地质科学奖委员会八届四次会议 暨基金会三届四次理事会 复议专题会议纪要

李四光地质科学奖基金会秘书处

2015 年 12 月 17 日

时　　间：2015 年 12 月 11 日（星期五）

地　　点：中国地质科学院新综合楼三层小会议室

主 持 人：王小烈

出 席 人：张洪涛　王小烈　王泽九　杨　兵　龙长兴

　　　　　万　力　姜建军　周少平　潘　懋（委派）

　　　　　张培震（委派）马秀兰　胡光晓　尚　新

记 录 人：胡光晓

会议议题：1. 听取调查组关于对第十四次李四光地质科学

　　　　　　　奖获奖者潘桂棠同志材料调查的报告

　　　　　2. 对潘桂棠同志获奖异议进行复议

　　　　　3. 通报第十四次李四光地质科学奖颁奖大会的

　　　　　　　有关事项

会议纪要

12 月 11 日召开李四光地质科学奖委员会八届四次会议暨基金会三届四次理事会会议，出席会议委员 10 人、监事 1 人，请假 9 人，会议符合章程要求。会议听取了秘书处马秀兰同志关于潘桂棠同志申请李四光地质科学奖异议的情况介绍和杨兵委员关于刁志忠等 5 位同志投诉潘桂棠同志申请李四光地质科学奖情况的调查报告，并就其获奖资格进行委员会复议。经会议研究，形成纪要如下：

潘桂棠研究员长期在青藏高原艰苦的条件下从事地质工作，在地质调查和科学研究等方面取得了不少成绩，应给予充分肯定，针对异议部分，经调查组核实，所指异议不影响潘桂棠同志申报李四光地质科学奖，经委员会复议和与会委员无记名投票，全票同意潘桂棠同志获李四光地质科学奖。

会上胡光晓同志就第十四次李四光地质科学奖颁奖有关事项作了通报。

主送：各位理事、监事。